职业教育
**数字媒体应用**人才培养系列教材

# Photoshop CC

## 移动 UI 设计

# 实例教程 微课版

降华 张昊一 / 主编　李岚 殷正坤 李渊 万清 / 副主编

U0191275

人民邮电出版社
北　京

图书在版编目（ＣＩＰ）数据

Photoshop CC移动UI设计实例教程：微课版 / 降华,
张昊一主编. -- 北京：人民邮电出版社，2022.3（2023.1重印）
职业教育数字媒体应用人才培养系列教材
ISBN 978-7-115-56969-1

Ⅰ. ①P… Ⅱ. ①降… ②张… Ⅲ. ①图像处理软件—
职业教育—教材 Ⅳ. ①TP391.413

中国版本图书馆CIP数据核字(2021)第141413号

## 内 容 提 要

本书全面、系统地介绍了移动 UI 设计的基础知识和操作技巧，主要内容包括初识移动 UI 设计、移动 UI 设计规范、iOS 界面设计、Android 系统界面设计和 App 界面设计实战等。

除第 1 章、第 2 章基础知识外，各章均以"知识解析+课堂案例"为主线展开讲解：知识解析能帮助学生系统地了解移动 UI 设计的各类规范；课堂案例能帮助学生快速熟悉移动 UI 设计流程，提高学生实战技能。第 3～5 章最后还安排了课堂练习和课后习题，可以拓展学生的应用能力，加深学生对移动 UI 设计的认识。

本书可作为职业院校数字媒体艺术类专业课程的教材，也可供移动 UI 设计初学者自学参考。

◆ 主　编　降　华　张昊一
　　副主编　李　岚　殷正坤　李　渊　万　清
　　责任编辑　王亚娜
　　责任印制　王　郁　焦志炜

◆ 人民邮电出版社出版发行　　北京市丰台区成寿寺路 11 号
　　邮编　100164　　电子邮件　315@ptpress.com.cn
　　网址　https://www.ptpress.com.cn
　　固安县铭成印刷有限公司印刷

◆ 开本：787×1092　1/16
　　印张：15　　　　　　　　　　2022 年 3 月第 1 版
　　字数：381 千字　　　　　　　2023 年 1 月河北第 2 次印刷

定价：49.80 元

读者服务热线：(010)81055256　印装质量热线：(010)81055316
反盗版热线：(010)81055315
广告经营许可证：京东市监广登字 20170147 号

## 移动 UI 设计简介

　　移动 UI 设计是 UI 设计的一个分支。从设计范畴来看，移动 UI 设计主要体现在移动应用界面设计、移动端网页界面设计、微信小程序设计及 H5 设计等。移动 UI 有着较强的交互特点，因此想要从事移动 UI 设计行业的读者需要进行系统的学习。

## 如何使用本书

### Step1　通过精选基础知识，快速了解移动 UI 设计

相关概念

**1.1.1　UI 设计的相关概念**

**1. UI 设计**

用户界面（User Interface，UI）设计是指对软件的人机交互、操作逻辑、界面美观性的整体设计。优秀的 UI 不仅要保证界面的美观，更要保证交互设计（Interaction Design，IxD）的可用性及用户体验（User Experience，UE/UX）的友好度，如图 1-1 所示。

图 1-1

应用领域

iOS 平台

Android 平台

主流软件

Step2　通过知识解析+课堂案例，熟悉设计思路，掌握制作方法

### 5.6　注册登录页

> 深入学习软件界面设计的基础知识和设计规范

　　注册登录页是电商类、社交类等功能丰富型 App 的必要页面，设计风格直观简洁，并且提供第三方账号登录功能，如图 5-15 所示。常见的第三方账号有微博、微信、QQ 等。

图 5-15

### 5.7　课堂案例——制作"侃侃"App

> 了解目标和要点

> 完成知识点学习后进行案例制作

#### 案例学习目标

　　学习使用不同的绘制工具绘制图形，使用图层样式添加特殊效果，并应用"移动"工具移动装饰图片来制作 App 界面。

#### 案例知识要点

　　使用"椭圆"工具和"圆角矩形"工具绘制图形，使用"描边"和"渐变叠加"命令为图形添加效果，使用"剪贴蒙版"命令为图片添加蒙版，使用"横排文字"工具输入文字。最终效果如图 5-16 所示。

#### 效果所在位置

　　云盘/Ch05/效果/制作"侃侃"App。

图 5-16

1. 制作 "侃侃" App 的闪屏页

（1）启动 Photoshop CC，按 Ctrl+N 组合键，新建一个文件，宽度为 750 像素，高度为 1—像素，分辨率为 72 像素/英寸，背景内容为白色，如图 5-17 所示。单击 "创建" 按钮，完成新建文档。

（2）选择 "文件>置入嵌入对象" 命令，弹出 "置入嵌入的对象" 对话框。选择云盘中的 "Ch05 > 素材>制作 "侃侃" App >制作 "侃侃" App 闪屏页> 01" 文件，单击 "置入" 按钮，按 Enter 键确认操作，效果如图 5-18 所示，在 "图层" 控制面板中生成新的图层并将其命名为 "底图"。

步骤详解

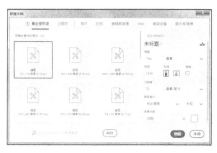

图 5-17

图 5-18

制作 "侃侃"
App 的闪屏页

扫码观看案例
详细步骤

## Step3　通过课堂练习+课后习题，拓展应用能力

### 5.8　课堂练习——制作 "美食来了" App

更多商业
案例

**练习知识要点**

使用 "移动" 工具移动素材，使用 "椭圆" 工具和 "圆角矩形" 工具绘制图形，使用 "投影" 和 "渐变叠加" 命令为图形添加效果，使用 "置入" 命令置入图片，使用 "剪贴蒙版" 命令调整图片显示区域，使用 "横排文字" 工具输入文字。最终效果如图 5-289 所示。

**效果所在位置**

云盘/Ch05/效果/制作 "美食来了" App。

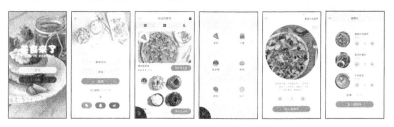

图 5-289

### 5.9　课后习题——制作 "Circle" App

**习题知识要点**

训练本章
所学知识

使用 "直线" 工具、"椭圆" 工具和 "圆角矩形" 工具绘制图形，使用 "渐变叠加" 命令为图形添加效果，使用 "剪贴蒙版" 命令为图片添加蒙版，使用 "横排文字" 工具输入文字。最终效果如图 5-290 所示。

**效果所在位置**

云盘/Ch05/效果/制作 "Circle" App。

Step4　循序渐进，演练真实商业项目

iOS 组
件设计

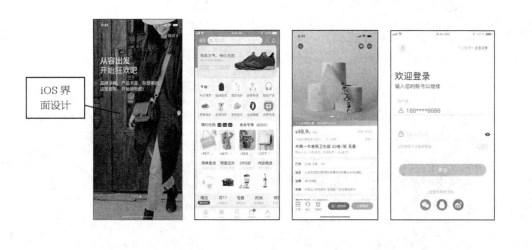

iOS 界
面设计

Android 系
统组件设计

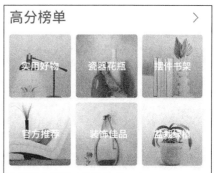

Android
界面设计

App 界面设计

闪屏页　　　欢迎页　　　通知页　　　搜索页　　　个人中心页

## 配套资源

- ✔ 所有案例的素材及最终效果文件
- ✔ 案例操作视频
- ✔ 扩展案例
- ✔ PPT 课件
- ✔ 教学大纲
- ✔ 教学教案

全书配套资源，读者可登录人邮教育社区（www.ryjiaoyu.com），在本书资源页面中免费下载。

## 教学指导

本书的参考学时为 64 学时，其中实训环节为 32 学时。各章的参考学时参见下面的学时分配表。

| 章号 | 课程内容 | 学 时 分 配 | |
|---|---|---|---|
| | | 讲 授 | 实 训 |
| 第 1 章 | 初识移动 UI 设计 | 4 | |
| 第 2 章 | 移动 UI 设计规范 | 4 | |
| 第 3 章 | iOS 界面设计 | 8 | 8 |
| 第 4 章 | Android 界面设计 | 8 | 8 |
| 第 5 章 | App 界面设计实战 | 8 | 16 |
| 学 时 总 计 | | 32 | 32 |

由于作者水平有限，书中难免存在不妥之处，敬请广大读者批评指正。

编 者

2021 年 10 月

# 目录

C O N T E N T S

CONTENTS

# 目 录

# 扩展知识扫码阅读

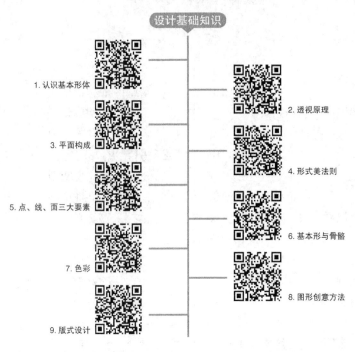

设计基础知识

1. 认识基本形体

2. 透视原理

3. 平面构成

4. 形式美法则

5. 点、线、面三大要素

6. 基本形与骨骼

7. 色彩

8. 图形创意方法

9. 版式设计

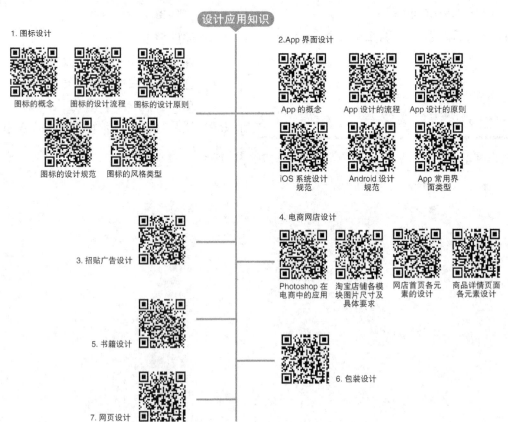

设计应用知识

1. 图标设计

图标的概念　图标的设计流程　图标的设计原则

图标的设计规范　图标的风格类型

2. App 界面设计

App 的概念　App 设计的流程　App 设计的原则

iOS 系统设计规范　Android 设计规范　App 常用界面类型

3. 招贴广告设计

4. 电商网店设计

Photoshop 在电商中的应用　淘宝店铺各模块图片尺寸及具体要求　网店首页各元素的设计　商品详情页面各元素设计

5. 书籍设计

6. 包装设计

7. 网页设计

# 第1章
# 初识移动 UI 设计

## 本章介绍

　　随着 2009 年 6 月 iPhone 3GS 的发布，移动 UI 设计正式登上设计舞台。由于移动 UI 有着较强的交互特点，所以想要从事移动 UI 设计行业的读者需要系统地学习设计知识，并不断更新自己的知识体系。本章对移动 UI 设计的概念、特点、原则、常用软件、学习方法，以及 App 的基本概念、操作平台、设计流程、基本分类进行系统讲解。通过本章的学习，读者将对移动 UI 设计有一个宏观的认识，为后续学习移动 UI 设计夯实基础。

## 学习目标

- ✔ 熟悉 UI 设计的相关概念
- ✔ 熟悉移动 UI 设计的概念
- ✔ 了解移动 UI 设计的特点
- ✔ 熟悉移动 UI 设计的原则
- ✔ 熟悉移动 UI 设计的常用软件
- ✔ 掌握移动 UI 设计的学习方法
- ✔ 熟悉 App 的基本概念
- ✔ 了解 App 的操作平台
- ✔ 熟悉 App 的设计流程
- ✔ 了解 App 的基本分类

## 1.1　认识移动 UI 设计

为了带领读者系统、全面地认识移动 UI 设计，下面我们从 UI 设计的相关概念及移动 UI 设计的概念、特点、原则、常用软件、学习方法这几个方面展开介绍。

### 1.1.1　UI 设计的相关概念

**1. UI 设计**

用户界面（User Interface，UI）设计是指对软件的人机交互、操作逻辑、界面美观性的整体设计。优秀的 UI 设计不仅要保证界面的美观，更要保证交互设计（Interaction Design，IxD）的可用性及用户体验（User Experience，UE/UX）的友好度，如图 1-1 所示。

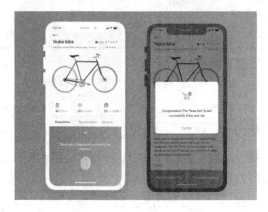

图 1-1

**2. WUI 和 GUI**

在设计领域，UI 通常被分为网页用户界面（Web User Interface，WUI）和图形用户界面（Graphical User Interface，GUI）。WUI 设计师主要从事 PC 端网页设计的工作，如图 1-2 所示；GUI 设计师主要从事移动端 App 的设计工作，如图 1-3 所示。

图 1-2

图 1-3

### 1.1.2　移动 UI 设计的概念

移动 UI 设计主要是指针对移动设备软件的交互操作逻辑、用户情感化体验、界面元素美观性的整体设计，如图 1-4 所示。移动 UI 设计因移动设备的独特性，较其他类型的 UI 设计具有更严格的尺寸要求及系统限制。

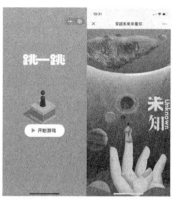

图 1-4

## 1.1.3 移动 UI 设计的特点

移动 UI 设计的特点具体来说可以总结为设计极简、交互丰富及设计适配 3 个方面。

### 1. 设计极简

近年来，移动设备的屏幕较之前在尺寸上有了较大的提升，但相对于 PC 和笔记本电脑的屏幕尺寸还是较小。因此，在有限的空间中进行的元素设计不宜太过复杂，否则不利于信息的传递。移动 UI 设计的发展正是从拟物化到扁平化。为了更好地进行信息展示，iOS11 之后的 UI 设计都围绕着"大而粗、简而美"的风格进行，如图 1-5 所示。

### 2. 交互丰富

目前用户普遍使用的智能化移动设备比传统手机拥有更加友好的用户体验，这源于它的多点触摸屏和传感器。由此造就了手势交互、语音交互、重力感应交互等一系列丰富的交互方式，如图 1-6 所示。因此，设计师在进行移动 UI 设计时还应充分考虑到这些人机交互的形式，提高用户参与产品使用的积极性，同时还要注意交互过程的简捷，方便用户顺利实现需求。

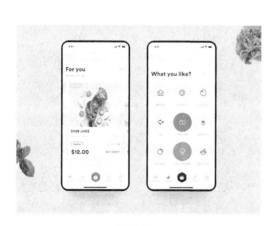

图 1-5                 图 1-6

**3．设计适配**

由于目前市场中移动设备型号的碎片化及多样化，设计师在进行设计时，应充分考虑到文字、图标、图像甚至是界面布局等的适配问题。就移动应用来说，设计师通常会选用一款常用的、方便适配的屏幕尺寸进行设计，之后就不必再大规模地对其他尺寸屏幕的界面重新布局，只需针对不同的屏幕尺寸进行切图输出，再交由技术端进行适配，如图 1-7 所示。

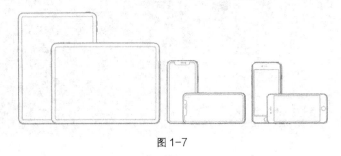

图 1-7

### 1.1.4　移动 UI 设计的原则

移动 UI 设计的原则又分为在 iOS 下的设计原则和在 Android 系统下的设计原则。

**1．iOS 下的设计原则**

在 iOS 下进行移动 UI 设计有清晰、遵从和深度三大原则。

（1）清晰

清晰是指，在整个系统中，各种尺寸的文字都清晰易读，图标清晰，装饰恰当，负空间、颜色、字体、图形和界面元素巧妙地突出重要内容并传达交互性，便于用户理解各项功能，如图 1-8 所示。

图 1-8

（2）遵从

遵从是指，整个页面的交互要让用户有"从哪来，回哪去"的体验。流畅的动画和清晰、美观的界面可以帮助用户理解内容并进行互动，同时不干扰用户的使用。想要传达的内容一般应填满整个屏幕，而半透明和模糊显示通常暗示有更多内容。此外，应少使用边框，使用渐变和阴影的功能可使界面轻盈，同时确保内容清晰。在图 1-9 左侧的 App 界面中，橙色渐变银行卡旁边的卡采用了半透明效果，暗示用户可以通过滑动查看更多内容。图 1-9 所示的两张 App 界面的渐变、边框及阴影都不是很明显，界面看起来非常轻盈。

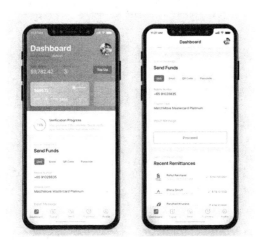

图 1-9

（3）深度

深度是指，以独特的视觉层级和真实的动画效果传达层次结构，赋予界面活力，并促进用户理解，使用户通过触摸和探索发现程序的功能。这样不仅能增加用户的乐趣，还能使用户关注到额外的内容。在浏览内容时，层级的过渡可提供深度感，如图 1-10 所示。

图 1-10

**2. Android 系统下的设计原则**

在 Android 系统下进行移动 UI 设计的原则通常是指 Material Design 语言的设计原则，共有材质隐喻、大胆夸张、动效表意、灵活、跨平台五大原则。

（1）材质隐喻

Material Design 语言的灵感来自物理世界及各种物体的纹理，包括它们如何反射光线和投射阴影。例如，设计师使用 Material Design 语言对材料表面重新构想，加入纸张和墨水的特性，如图 1-11 所示。

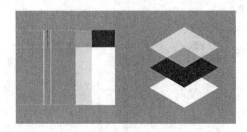

图 1-11

（2）大胆夸张

Material Design 语言以印刷设计方法中的排版、网格、空间、比例、颜色和图像为指导，能创造出让用户沉浸的视觉层次、视觉意义及视觉焦点，如图 1-12 所示。

（3）动效表意

Material Design 语言通过微妙的反馈和平滑的过渡使动效保持连续性。当元素出现在屏幕上时，它们在环境中转换和重组，相互作用并产生新的变化，如图 1-13 所示。

　　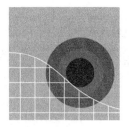

图 1-12　　　　　　　图 1-13

（4）灵活

Material Design 语言旨在实现品牌表达，它与自定义代码库集成，允许无缝实现组件、插件和设计元素的衔接，如图 1-14 所示。

（5）跨平台

Material Design 语言可使用 Android、iOS、Flutter 和 Web 提供的共享组件进行跨平台管理，如图 1-15 所示。

图 1-14　　　　　　　图 1-15

### 1.1.5 移动 UI 设计的常用软件

移动 UI 设计的常用软件可以分为界面设计、动效设计、网页设计、3D 渲染、思维导图、交互原型 6 个领域。

**1. 界面设计类**

（1）Photoshop

Photoshop，简称"PS"，是由 Adobe 公司开发的图像处理软件，如图 1-16 所示。在 Sketch 出现之前，Photoshop 是大部分移动 UI 设计师进行界面设计的首选工具。

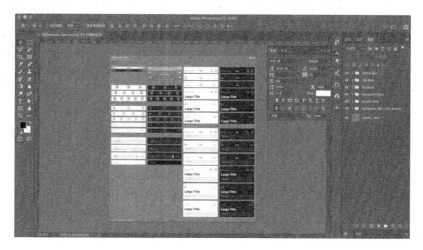

图 1-16

（2）Sketch

Sketch 是基于苹果计算机系统的一款收费型专业制作 UI 的工具，如图 1-17 所示。相较 Photoshop，它是一款可以迅速上手的轻量级矢量设计工具，不仅是 UI 设计师，就连产品经理和前端开发人员都能够迅速掌握，避免了许多沟通方面的问题。

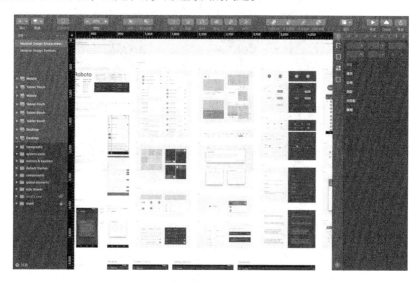

图 1-17

（3）Illustrator

Illustrator，简称"AI"，是由 Adobe 公司开发的矢量图形处理软件，如图 1-18 所示。Illustrator 在移动 UI 设计中除了被广泛应用于插画设计，在图标制作中也显示了优秀的性能。

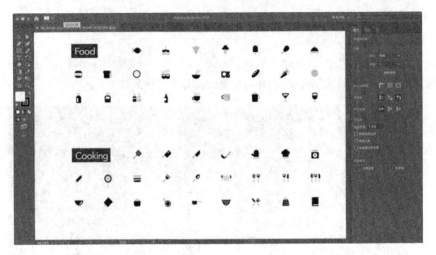

图 1-18

（4）Experience Design

Experience Design，简称"XD"，是由 Adobe 公司开发的集原型、设计和交互于一体的软件，如图 1-19 所示。Experience Design 相对于 Photoshop 制作移动 UI 时的臃肿更加简洁，同时它免费并兼容 Windows 和 Mac 双平台的平民化又是 Sketch 无法比拟的。

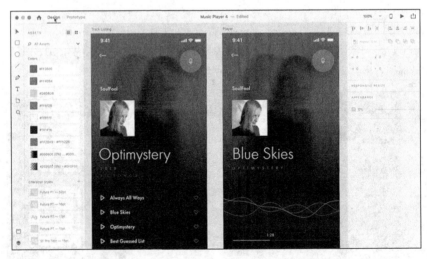

图 1-19

**2. 动效设计类**

（1）After Effects

After Effects，简称"AE"，是由 Adobe 公司开发的图形视频处理软件，如图 1-20 所示。After Effects 拥有便捷的插件和强大的表达式，制作出来的动效细腻入微。

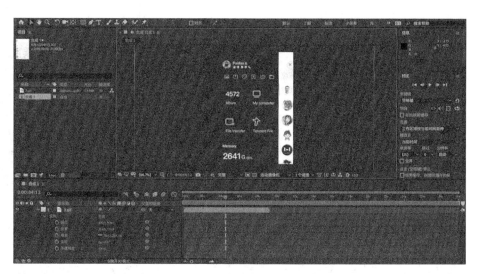

图 1-20

（2）Principle

Principle 是基于苹果计算机系统的一款收费型专业制作动效的工具，如图 1-21 所示。较 After Effects 的体量，Principle 的优势在于上手容易、操作简单，而且它能在计算机上实时预览并在手机上进行交互，不像 After Effects 只能导出 GIF 动画和 MP4 视频，无法交互。

图 1-21

### 3. 网页设计类

（1）Dreamweaver

Dreamweaver，简称"DW"，是由美国 Macromedia 公司（后被 Adobe 公司收购）开发的。Dreamweaver 是一款集网页制作和网站管理功能于一身的网页代码编辑器，拥有所见即所得的特点，如图 1-22 所示。

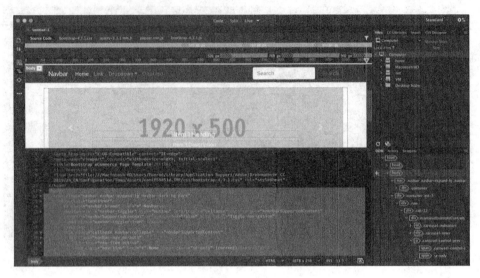

图 1-22

（2）Hype3

Hype3 是基于苹果计算机系统的一款收费型专业制作网页的设计工具。它的主要优势体现在能帮助不会编程的设计师轻松创建 HTML5 和复杂的动画效果，如图 1-23 所示。在响应式方面，Hype3 也有着特别优秀的表现。

图 1-23

**4．3D 渲染类**

CINEMA 4D，简称"C4D"，是德国 MAXON 公司开发的一款能够进行建模、动画制作和渲染的 3D 动画软件，如图 1-24 所示。其功能非常强大，且能和 Photoshop、Illustrator、After Effects 等各类软件进行无缝结合。近些年，CINEMA 4D 被移动 UI 设计师广泛使用，通过 CINEMA 4D 设计出来的作品被大量运用到 Banner、专题页及活动页等。

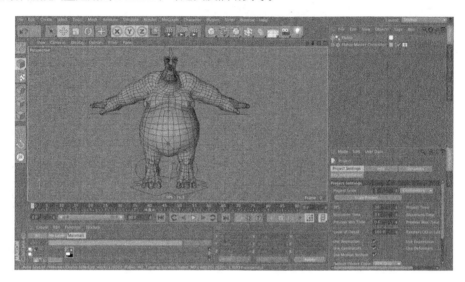

图 1-24

**5. 思维导图类**

（1）Mindjet MindManager

Mindjet MindManager，俗称"脑图"，又叫"心智图"，是由美国 Mindjet 公司开发的。它不仅是可以创造、管理和交流思想的绘图软件，而且是使用方便的项目管理软件，如图 1-25 所示。

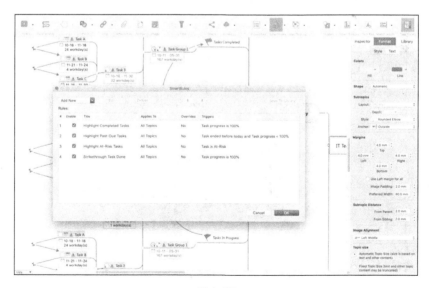

图 1-25

（2）XMind

XMind 与 Mindjet MindManager 有相似的功能，也是一款常用的商业思维导图制作软件，如图 1-26 所示。

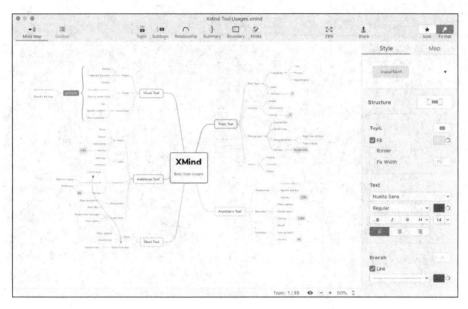

图 1-26

## 6. 交互原型类

### （1）Axure RP

Axure RP 通常称为"Axure"，是一款专业的快速原型设计工具。Axure 9.0 运用了颠覆式的设计架构，软件的使用效率及体验友好度都大幅增加，如图 1-27 所示。

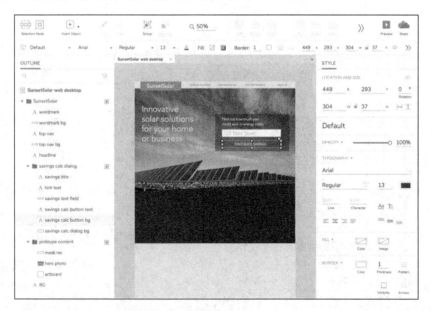

图 1-27

### （2）墨刀

墨刀是我国开发的一款在线型原型设计工具。在 V3 版本中，墨刀进行了全面更新，除了组件的升级优化，还支持 Sketch 的导入，并加入了工作流的功能，如图 1-28 所示。

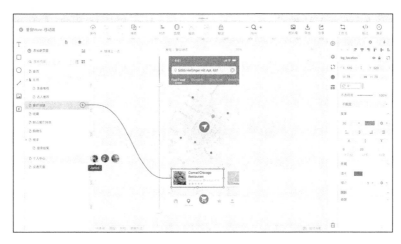

图 1-28

## 1.1.6　移动 UI 设计的学习方法

对移动 UI 设计的初学者来说，首先要明确当前市场最需要什么样的设计师，这样才能有针对性地学习、提升。结合市场需求，我们推荐下列学习方法。

### 1．学习软件

软件的学习是移动 UI 设计的刚需和基础，设计师即便有再好的想法，但如果不能通过软件来实现也是徒劳。移动 UI 设计师主要需要掌握的软件有 Photoshop、Illustrator、After Effects、Axure RP 和墨刀，有条件的设计师还可以学习 Sketch 和 Principle，如图 1-29 所示。

图 1-29

### 2．开拓眼界

眼界的开拓对移动 UI 设计师至关重要。下面推荐 3 种方法帮助读者开拓眼界。

（1）阅读优秀设计师的文章，吸收优秀设计师的经验。当然，针对初学者而言，首先要学习设计规范，如 iOS 设计规范和 Android 设计规范，二者都可以在网上查到官方的设计指南，如图 1-30 所示。

图 1-30

（2）阅读优秀书籍，系统地学习移动 UI 设计的相关知识和设计方法。通过优秀的设计书籍，设计师可以进行更全面的学习。

（3）欣赏优秀的作品。建议设计师每天用 1～2 小时到一些作品网站浏览优秀的作品，如图 1-31 所示，并进行收藏，形成自己的资料库。

图 1-31

### 3. 进行临摹

眼界得到开拓后，设计师需要进行相关的设计临摹。例如从应用中心下载优秀的 App，截图保存进行临摹；也可以对自己收藏的优秀案例进行临摹。临摹一定要保证完全一样并且要经常临摹。

### 4. 项目实战

经过一定的积累，设计师最终应通过完整的企业项目来考查自己，从原型图到设计稿再到切图标注，甚至可以制作成动效 Demo。一整套项目的实战，会让设计师在设计能力上有质的飞跃。

## 1.2　认识 App

认识 App 是学习移动 UI 设计的重要步骤，设计师可以通过 App 的基本概念、App 的操作平台和 App 的设计流程来系统地认识 App。

### 1.2.1　App 的基本概念

App 是应用程序 Application 的缩写，一般指智能手机的第三方应用程序，如图 1-32 所示。用户下载 App 主要通过应用商店，如华为公司的应用市场、苹果公司的 App Store 等。应用程序的运行与系统密不可分，目前市场上常见的智能手机操作系统有苹果公司的 iOS 和谷歌公司的 Android 系统。对于移动 UI 设计师而言，需要分别学习这两大系统的界面设计知识。

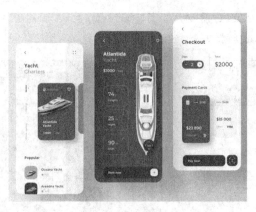

图 1-32

### 1.2.2　App 的操作平台

App 的操作平台可以分为 iOS 和 Android 系统两大平台。

#### 1. iOS 平台

iOS 是由苹果公司开发，专门用于苹果移动设备的操作系统，如图 1-33 所示。不管是设备的改革还是系统的更新，iOS 不断为用户带来全新的体验，所以移动 UI 设计师需要持续关注 iOS 设计规范等知识的更新，进行知识的升级。

#### 2. Android 系统平台

2008 年 10 月，第一款 Android 系统的智能手机发布。在 2014 年的 Google I/O 大会上，谷歌公司推出设计语言 Material Design，旨在规范 Android 系统的设备。Android 系统和 Material Design 语言都在不断更新，使安装 Android 系统的手机使用更加流畅，界面更加美观，如图 1-34 所示。移动 UI 设计师也面临着知识的更新及对现有 UI 界面的再设计等挑战。

图 1-33　　　　　　　　　　　　　　图 1-34

### 1.2.3　App 的设计流程

App 的设计流程可以分为分析调研、交互设计、交互自查、界面设计、界面测试、设计验证 6 个步骤，如图 1-35 所示。

图 1-35

#### 1. 分析调研

App 的设计应根据品牌的调性、产品的定位来进行。设计师可以先分析需求，了解用户特征，再进行相关竞品的调研，明确设计方向。例如，图 1-36 所示的两款 App 虽然同是音乐 App，但产品定位不同，因此设计风格也有所区别。

#### 2. 交互设计

交互设计是对整个 App 设计进行初步构思的环节，一般需要进行制作纸面原型、架构设计、流程图设计、线框图设计等具体工作，如图 1-37 所示。

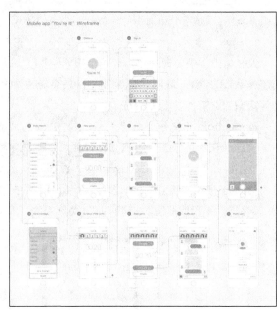

图 1-36　　　　　　　　　　　　　　　　图 1-37

### 3．交互自查

交互设计完成后，即可进行交互自查。这是整个 App 设计流程中非常重要的一个阶段，可以在执行界面设计之前检查出是否有遗漏、缺失的细节问题，如图 1-38 所示。

图 1-38

#### 4．界面设计

原型图审查通过后，就可以进入界面的视觉设计阶段。这个阶段的设计图即产品最终呈现给用户的界面。界面设计要求设计规范，图片、内容真实，并运用墨刀、Principle 等软件制作成可交互的高保真原型以便后续进行界面测试，如图 1-39 所示。

#### 5．界面测试

在界面测试阶段，会让具有代表性的用户进行典型操作，设计人员和开发人员共同观察、记录，并对设计的细节进行改进、调整，如图 1-40 所示。

图 1-39                                    图 1-40

#### 6．设计验证

设计验证是 App 设计的最后一个阶段，是为 App 进行优化的重要支撑。在产品正式上线后，设计人员通过用户的数据反馈进行记录，验证前期的设计，并继续优化，如图 1-41 所示。

图 1-41

### 1.2.4　App 的基本分类

常见的 App 主要可以分为社区交友、影音娱乐、休闲娱乐、生活服务、旅游出行、电商平台、金融理财、学习教育、资讯阅读类。

#### 1．社区交友 App

社区交友 App，主要用于实现用户的线上交际往来。常见的社区交友 App 有微信、QQ、新浪微博等，如图 1-42 所示。

图 1-42

**2. 影音娱乐 App**

影音娱乐 App，主要提供电影、电视剧、综艺节目、短视频、音乐等娱乐内容。常见的影音娱乐 App 有抖音短视频、腾讯视频、网易云音乐等，如图 1-43 所示。

图 1-43

**3. 休闲娱乐 App**

休闲娱乐 App，主要提供餐饮、观影等日常活动的资讯及优惠信息。常见的休闲娱乐 App 有大众点评、猫眼电影、下厨房等，如图 1-44 所示。

**4. 生活服务 App**

生活服务 App，主要提供外卖点餐、求职招聘及交通出行等相关服务。常见的生活服务 App 有饿了么、Boss 直聘、摩拜单车等，如图 1-45 所示。

**5. 旅游出行 App**

旅游出行 App，主要提供与旅游度假相关的服务。常见的旅游出行 App 有途牛旅游、Airbnb 爱彼迎、周末去哪儿等，如图 1-46 所示。

图 1-44

图 1-45

图 1-46

#### 6. 电商平台 App

电商平台 App，主要提供网购、零售等服务。常见的电商平台 App 有淘宝网、京东、网易严选等，如图 1-47 所示。

图 1-47

#### 7. 金融理财 App

金融理财 App，主要提供财务管理等金融服务，以实现用户财务的保值、增值为目的。常见的金融理财 App 有支付宝、京东金融、招商银行等，如图 1-48 所示。

图 1-48

#### 8. 学习教育 App

学习教育 App，主要提供在线学习、教育服务，以传播知识和学习方法为目的。常见的学习教育 App 有智慧树、作业帮、腾讯课堂等，如图 1-49 所示。

#### 9. 资讯阅读 App

资讯阅读 App，主要提供实时资讯和在线阅读服务。常见的资讯阅读 App 有腾讯新闻、网易新闻、微信读书等，如图 1-50 所示。

图 1-49

图 1-50

# 02

# 第2章
# 移动 UI 设计规范

**本章介绍**

　　设计规范在移动 UI 设计中起到保证视觉统一性、提高项目工作效率、保障设计细节等重要作用。本章对 iOS 界面和 Android 界面的基础设计规范进行讲解。通过本章的学习，读者可以对移动 UI 设计的基础规范有一个基本的认识，以便后续高效、便利地进行移动 UI 设计工作。

**学习目标**

✔ 熟悉 iOS 界面设计规范
✔ 熟悉 Android 界面设计规范

## 2.1　iOS 界面设计规范

下面从设计尺寸、结构、基本布局、图标规范及文字规范 5 个方面对 iOS 界面设计规范进行详尽的剖析。

### 2.1.1　iOS 界面设计尺寸

#### 1. 相关单位

（1）像素密度

像素密度（Pixel Per Inch，PPI）是屏幕分辨率的单位，表示屏幕每英寸所拥有的像素数量，如图 2-1 所示（X、Y 分别为横向、纵向的像素数）。屏幕分辨率越大，画面越细腻。例如，iPhone 4 与 iPhone 3GS 的屏幕尺寸虽然相同，但前者的大了一倍，因此清晰度也就更高。

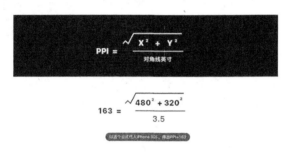

图 2-1

（2）比例因子

标准分辨率显示器具有 1:1 的像素密度，比例因子（Asset）为 1.0，用@1x 表示，即一个像素等于一个点。高分辨率显示器具有更高的像素密度，比例因子为 2.0 或 3.0（称为@2x 和@3x）。一个 10 px × 10 px 的标准分辨率(@1x)图像的@ 2x 版本为 20 px × 20 px，@ 3x 版本为 30 px × 30 px，如图 2-2 所示。因此，高分辨率显示器需要具有更多像素的图像。

图 2-2

（3）逻辑像素和物理像素

逻辑像素，英文全称为 "Logic Point"，单位为 "点"，即 "pt"，是根据内容尺寸计算的单位。如 iPhone4 的逻辑像素是 480 pt × 320 pt，但由于每个逻辑的点因为视网膜屏密度增加了 1 倍，所以一个点等于两个像素，如图 2-3 所示，因此 iPhone 4 的物理像素是 960 px × 640 px。iOS 开发工程师和使用 Sketch 设计界面的 UI 设计师使用的单位是 pt。

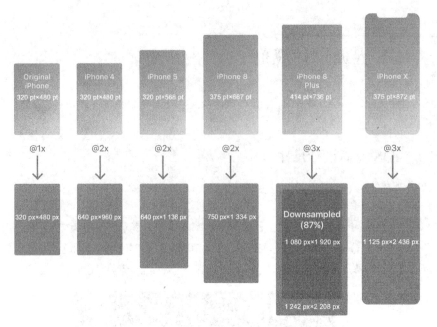

图 2-3

物理像素（Physical Pixel），单位为"像素"，即"px"，是按照像素格计算的单位，也就是移动设备的实际像素。使用 Photoshop 设计界面的 UI 设计师使用的单位是 px。

### 2. 设计尺寸

使用 iOS 的常见设备尺寸如图 2-4 和图 2-5 所示。在进行界面设计时，为了一稿适配，通常是以 iPhone 6/6s/7/8 为基准。使用 Photoshop 就创建 750 px × 1 334 px 尺寸的画布，使用 Sketch 就创建 375 pt × 667 pt 尺寸的画布。

| 设备名称 | 屏幕尺寸（in） | 屏幕分辨率（ppi） | 比例因子 | 竖屏点（pt） | 竖屏分辨率（px） |
|---|---|---|---|---|---|
| iPhone XS MAX | 6.5 | 458 | @3x | 414 x 896 | 1 242 x 2 688 |
| iPhone XS | 5.8 | 458 | @3x | 375 x 812 | 1 125 x 2 436 |
| iPhone XR | 6.1 | 326 | @2x | 414 x 896 | 828 x 1 792 |
| iPhone X | 5.8 | 458 | @3x | 375 x 812 | 1 125 x 2 436 |
| iPhone 8+ / 7+ / 6s+ / 6+ | 5.5 | 401 | @3x | 414 x 736 | 1 242 x 2 208 |
| iPhone 8/7/6s/6 | 4.7 | 326 | @2x | 375 x 667 | 750 x 1 334 |
| iPhone SE/5/5s/5c | 4.0 | 326 | @2x | 320 x 568 | 640 x 1 136 |
| iPhone 4/4s | 3.5 | 326 | @2x | 320 x 480 | 640 x 960 |
| iPhone 1/3G/3GS | 3.5 | 163 | @1x | 320 x 480 | 320 x 480 |
| iPad Pro 12.9 | 12.9 | 264 | @2x | 1 024 x 1 366 | 2 048 x 2 732 |
| iPad Pro 10.5 | 10.5 | 264 | @2x | 834 x 1 112 | 1 668 x 2 224 |
| iPad Pro, iPad Air 2, Retina iPad | 9.7 | 264 | @2x | 768 x 1 024 | 1 536 x 2 048 |
| iPad mini 2/4 | 7.9 | 326 | @2x | 768 x 1 024 | 1 536 x 2 048 |
| iPad 1, 2 | 9.7 | 132 | @1x | 768 x 1 024 | 768 x 1 024 |

图 2-4

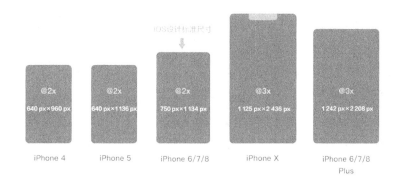

图 2-5

## 2.1.2　iOS 界面结构

iOS 界面主要由状态栏、导航栏和标签栏组成，其结构如图 2-6 和图 2-7 所示。

| 设备 | 分辨率（px） | 屏幕分辨率（ppi） | 状态栏高度（px） | 导航栏高度（px） | 标签栏高度（px） |
| --- | --- | --- | --- | --- | --- |
| iPhone XS Max | 1 242 × 2 688 | 458 | – | – | – |
| iPhone X | 1 125×2 436 | 458 | 88 | 176 | – |
| iPhone 6p / 6sp / 7p / 8p | 1 242×2 208 | 401 | 60 | 132 | 146 |
| iPhone 6 / 6s / 7 | 750×1 334 | 326 | 40 | 88 | 98 |
| iPhone 5 / 5c / 5s | 640×1 136 | 326 | 40 | 88 | 98 |
| iPhone 4 / 4s | 640×960 | 326 | 40 | 88 | 98 |
| iPhone / iPod touch第一代、第二代、第三代 | 320×480 | 163 | 20 | 44 | 49 |

| 设备 | 分辨率（px） | 屏幕分辨率（ppi） | 状态栏高度（px） | 导航栏高度（px） | 标签栏高度（px） |
| --- | --- | --- | --- | --- | --- |
| iPhone XS Max | 1 242 × 2 688 | 458 | – | – | – |
| iPhone X | 1 125×2 436 | 458 | 88 | 176 | – |
| iPhone 6p / 6sp / 7p / 8p | 1 242×2 208 | 401 | 60 | 132 | 146 |
| iPhone 6 / 6s / 7 | 750×1 334 | 326 | 40 | 88 | 98 |
| iPhone 5 / 5c / 5s | 640×1 136 | 326 | 40 | 88 | 98 |
| iPhone 4 / 4s | 640×960 | 326 | 40 | 88 | 98 |
| iPhone / iPod touch第一代、第二代、第三代 | 320×480 | 163 | 20 | 44 | 49 |

图 2-6

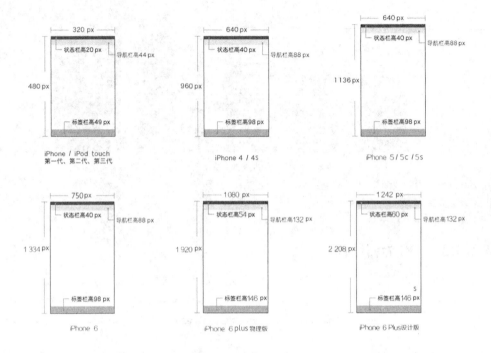

图 2-6 （续）

| 设备 | 尺寸 (px) | 屏幕分辨率 (ppi) | 状态栏高度 (px) | 导航栏高度 (px) | 标签栏高度 (px) |
| --- | --- | --- | --- | --- | --- |
| iPad 3 / 4 / 5 / 6 / Air / Air2 mini 2 | 2 048×1 536 | 264 | 40 | 88 | 98 |
| iPad 1 / 2 | 1 024×768 | 132 | 20 | 44 | 49 |
| iPad mini | 1 024×768 | 163 | 20 | 44 | 49 |

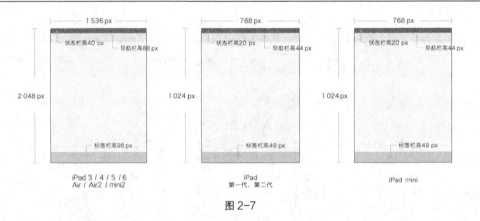

图 2-7

## 2.1.3 iOS 界面基本布局

### 1. 网格系统

网格系统（Grid System），又称为栅格系统，是利用一系列垂直和水平的参考线，将页面分割成若干个有规律的列或格子，再以这些格子为基准，进行页面布局设计的方式。采用网格系统能使布局规范、简洁、有秩序，如图 2-8 所示。

### 2．组成元素

网格系统由列、水槽和边距 3 个元素组成，如图 2-9 所示。列是内容放置的区域；水槽是列与列之间的距离，有助于分离内容；边距是内容与屏幕左右边缘之间的距离。

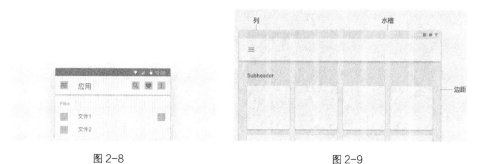

图 2-8                                    图 2-9

### 3．网格运用

（1）单元格

iOS 界面的最小点击区域是 44 pt，即 88 px（@2x）。因此，在适用性方面，能被整除的偶数 4 和 8 作为 iOS 界面的最小单元格比较合适。由于 4 px 容易将页面切割细碎，所以比较推荐使用 8 px，如图 2-10 所示。

图 2-10

（2）列

列的数量有 4、6、8、10、12、24 这几种情况。其中，4 列通常在 2 等分的简洁页面时使用，6、12 和 24 列基本满足所有等分情况，但 24 列将页面切割得太碎，如图 2-11 所示，因此实际使用时还是以 12 列和 6 列为主。

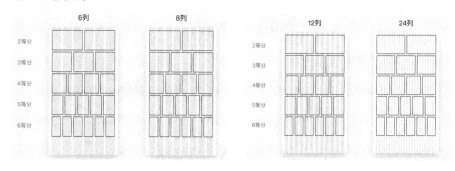

图 2-11

（3）水槽

　　水槽、边距和横向间距的宽度可以依照最小单元格 8 px 为增量进行统一设置，如 24 px、32 px、40 px。其中 32 px（16 pt@2x）最为常用，如图 2-12 所示。

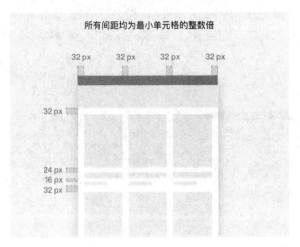

图 2-12

（4）边距

　　边距的宽度也可以与水槽有所区别。在 iOS 界面中以@2x 为基准，常见的边距有 20 px、24 px、30 px、32 px、40 px 及 50 px。边距的选择应结合产品本身的气质，其中 30 px 是最合适的边距，也是绝大多数 App 首选的边距，如图 2-13 所示。

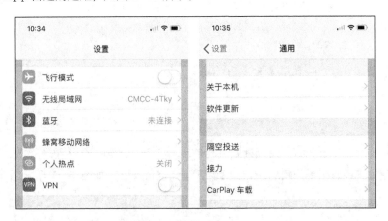

图 2-13

## 2.1.4　iOS 界面图标规范

iOS 界面中的图标规范可以从应用图标和系统图标两个方面进行详尽的剖析。

### 1．应用图标

（1）应用图标的概念

　　应用图标是应用程序的图标，如图 2-14 所示。应用图标主要应用于主屏幕、App Store、Spotlight 及设置场景中。

（2）应用图标的设计

应用图标在设计时尺寸可以采用 1 024 px，并根据 iOS 官方模板进行规范，如图 2-15 所示。正确的图标设计稿应是直角矩形不带圆角，iOS 会自动应用一个圆角遮罩将图标的 4 个角遮住。

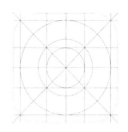

图 2-14　　　　　　　　　　　　　　　　　　　　图 2-15

（3）应用图标的适配

应用图标会以不同的分辨率出现在主屏幕、App Store、Spotlight 及设置场景中，尺寸也应根据不同设备的屏幕分辨率进行适配，如图 2-16 所示。

| 设备名称 | 应用图标（px） | App Store图标（px） | Spotlight图标（px） | 设置图标（px） |
| --- | --- | --- | --- | --- |
| iPhone X / 8+ / 7+ / 6s+ / 6s | 180 × 180 | 1 024 × 1 024 | 120 × 120 | 87 × 87 |
| iPhone X / 8 / 7 / 6s / 6 / SE / 5s / 5c / 5 4s / 4 | 120 × 120 | 1 024 × 1 024 | 80 × 80 | 58 × 58 |
| iPhone 1 / 3G / 3GS | 57 × 57 | 1 024 × 1 024 | 29 × 29 | 29 × 29 |
| iPad Pro 12.9 / 10.5 | 167 × 167 | 1 024 × 1 024 | 80 × 80 | 58 × 58 |
| iPad Air 1 / 2, iPad mini 2 / 4, iPad 3 / 4 | 152 × 152 | 1 024 × 1 024 | 80 × 80 | 58 × 58 |
| iPad 1 / 2, iPad mini 1 | 76 × 76 | 1 024 × 1 024 | 40 × 40 | 29 × 29 |

图 2-16

### 2．系统图标

（1）系统图标的概念

系统图标即界面中的功能图标，主要应用于导航栏、工具栏和标签栏场景。当未找到符合需求的系统图标时，移动 UI 设计师可以设计自定义图标，如图 2-17 所示。

图 2-17

（2）系统图标的设计

在导航栏和工具栏上的图标一般为 44 px（22 pt@2x），在标签栏上的图标一般为 50 px（25

pt@2x ）。苹果官方提供了 4 种不同形状的标签栏图标尺寸供移动 UI 设计师参考。其意义是让不同外形的图标在同一个标签栏上时保证视觉平衡，如图 2-18 所示。

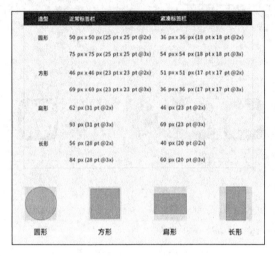

图 2-18

（3）系统图标的适配

自定义图标会以不同的分辨率出现在导航栏、工具栏及标签栏场景中，尺寸也应根据不同设备的屏幕分辨率进行适配，如图 2-19 所示。

| 设备名称 | 导航栏和工具栏图标尺寸（px） | 标签栏图标尺寸（px） | |
| --- | --- | --- | --- |
| iPhone 8+/7+/6+/6s+ | 66 × 66 | 75 × 75 | 最大144 × 96 |
| iPhone 8/7/6s/6/SE | 44 × 44 | 50 × 50 | 最大96 × 64 |
| iPad Pro, iPad, iPad mini | 44 × 44 | 50 × 50 | 最大96 × 64 |

图 2-19

## 2.1.5　iOS 界面文字规范

### 1. 系统字体

在 iOS 界面中，英文使用的是 San Francisco （SF）字体，其中 SF 字体有 SF UI Text（文本模式）和 SF UI Display（展示模式）两种。SF UI Text 适用于小于 19 pt 的文字，SF UI Display 适用于大于 20 pt 的文字。在 iOS 界面中，中文使用的是苹方字体，共有 6 个字重，如图 2-20 所示。

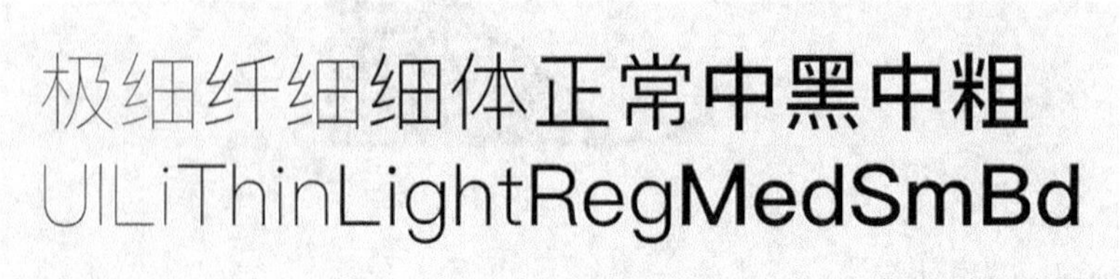

极细纤细细体正常中黑中粗
UILiThinLightRegMedSmBd

图 2-20

## 2. 字号大小

设计 iOS 界面时要注意字号的大小，如图 2-21 所示。一般为了区分标题和正文，字号大小差异至少保持在 4 px（2pt@2x）正文的合适行间距为 1.5～2 倍。

iOS对于界面字号大小的建议

| 位置 | 字族 | 逻辑像素（pt） | 实际像素（px） | 行距 | 字间距 |
|---|---|---|---|---|---|
| 大标题 | Regular | 34 | 68 | 41 | +11 |
| 标题一 | Regular | 28 | 56 | 34 | +13 |
| 标题二 | Regular | 22 | 44 | 28 | +16 |
| 标题三 | Regular | 20 | 40 | 25 | +19 |
| 头条 | Semi-Bold | 17 | 34 | 22 | -24 |
| 正文 | Regular | 17 | 34 | 22 | -24 |
| 标注 | Regular | 16 | 32 | 21 | -20 |
| 副标题 | Regular | 15 | 30 | 20 | -16 |
| 注解 | Regular | 13 | 26 | 18 | -6 |
| 注释一 | Regular | 12 | 24 | 16 | 0 |
| 注释二 | Regular | 11 | 22 | 13 | +6 |

| 元素 | 字号（pt） | 字重 | 字距（pt） | 类型 |
|---|---|---|---|---|
| Nav Bar Title | 17 | Medium | 0.5 | Display |
| Nav Bar Button | 17 | Regular | 0.5 | Display |
| Search Bar | 13.5 | Regular | 0 | Text |
| Tab Bar Button | 10 | Regular | 0.1 | Text |
| Table Header | 12.5 | Regular | 0.25 | Text |
| Table Row | 16.5 | Regular | 0 | Text |
| Table Row Subline | 12 | Regular | 0 | Text |
| Table Footer | 12.5 | Regular | 0.2 | Text |
| Action Sheets | 20 | Regular / Medium | 0.5 | Display |

图 2-21

## 2.2　Android 界面设计规范

下面从设计尺寸、结构、基本布局、图标规范及文字规范 5 个方面对 Android 界面设计规范进行详尽的剖析。

### 2.2.1　Android 界面设计尺寸

#### 1. 相关单位

（1）网点密度

网点密度（Dot Per Inch，DPI）是打印分辨率的单位，表示每英寸打印的点。DPI 在移动设备上等同于 PPI，表示的是每英寸所拥有的像素数量，如图 2-22 所示。通常 PPI 代表 iOS 移动设备，DPI 代表 Android 移动设备。

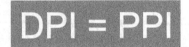

图 2-22

（2）独立密度像素与独立缩放像素

独立密度像素（Density-independent pixels，dp）是 Android 移动设备的基本单位，等同于 iOS 移动设备的 pt。Android 开发工程师使用的单位是 dp，所以移动 UI 设计师进行标注时应将 px 转化成 dp，公式为 dp*ppi/160 = px。当设备的 DPI 值是 320 时，通过公式可得出 1 dp=2 px，如图 2-23 所示（类似 iPhone 6/7/8 的高清屏）。

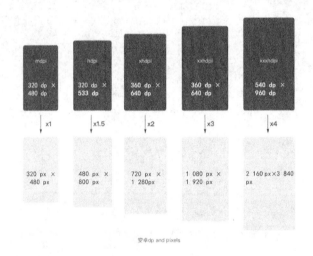

图 2-23

独立缩放像素（Scale-independent Pixel，sp）是 Android 移动设备上的字号单位。Android 系统允许用户自定义文字大小（小、正常、大、超大等），当文字大小是正常状态时，1 sp=1 dp，如图 2-24 所示。而当文字大小是"大"或"超大"时，1 sp>1 dp。移动 UI 设计师进行 Android 界面设计时，标记字体的单位选用 sp。

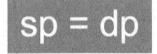

图 2-24

**2. 设计尺寸**

使用 Android 系统的常见设备尺寸如图 2-25 和图 2-26 所示。在进行 Android 界面设计时，如果想一稿适配 iOS，就使用 Photoshop 创建 720px × 1 280 px 尺寸的画布。如果根据 Material Design 新规范单独设计 Android 界面，就使用 Photoshop 创建 1 080 px × 1 920 px 尺寸的画布。无论哪种需求，使用 Sketch 只需建立 360 dp × 640 dp 尺寸的画布即可。

| 名称 | 分辨率（px） | 打印分辨率（dpi） | 像素比 | 示例（dp） | 对应像素（px） |
| --- | --- | --- | --- | --- | --- |
| xxxhdpi | 2 160 x 3 840 | 640 | 4.0 | 48 | 192 |
| xxhdpi | 1 080 x 1 920 | 480 | 3.0 | 48 | 144 |
| xhdpi | 720 x 1 280 | 320 | 2.0 | 48 | 96 |
| hdpi | 480 x 800 | 240 | 1.5 | 48 | 72 |
| mdpi | 320 x 480 | 160 | 1.0 | 48 | 48 |

图 2-25

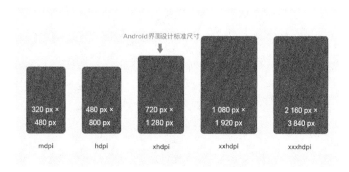

图 2-26

## 2.2.2 Android 界面结构

Android 界面主要由状态栏、导航栏、顶部应用栏组成，其结构如图 2-27 所示。

图 2-27

## 2.2.3 Android 界面基本布局

前面在 iOS 部分中已经剖析了网格系统及其组成元素，此处不再赘述，直接介绍 Android 界面的基本布局。

（1）单元格

Android 界面的最小点击区域是 48 dp，如图 2-28 所示，因此能被整除的偶数 4 和 8 作为 Android 界面的最小单元格比较合适。

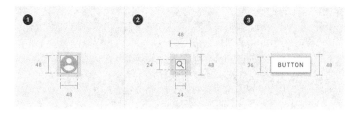

图 2-28

所有组件都与 Android 移动设备的 8 dp 网格对齐，如图 2-29 所示。

图标、排版和组件中的某些元素可以与 4 dp 网格对齐，如图 2-30 所示。

图 2-29

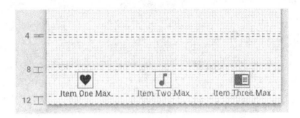

图 2-30

（2）列

就列的数量来说，在 Android 手机设备上推荐 4 列，在 Android 平板电脑上推荐 8 列，如图 2-31 所示。

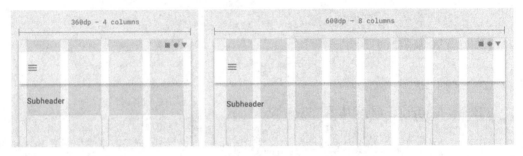

图 2-31

（3）水槽

水槽和边距的宽度在 Android 手机设备上推荐 16 dp，在 Android 平板电脑上推荐 24 dp，如图 2-32 所示。

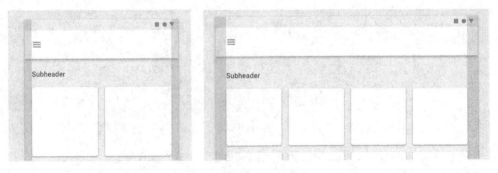

图 2-32

MD建议网格数量

| 宽度（dp） | 窗口大小 | 列 | 边距/水槽 |
|---|---|---|---|
| 0 ~ 359 | xsmall | 4 | 16 |
| 360 ~ 399 | xsmall | 4 | 16 |
| 400 ~ 479 | xsmall | 4 | 16 |
| 480 ~ 599 | xsmall | 4 | 16 |
| 600 ~ 719 | small | 8 | 16 |
| 720 ~ 839 | small | 8 | 24 |
| 840 ~ 959 | small | 12 | 24 |
| 960 ~ 1 023 | small | 12 | 24 |
| 1 024 ~ 1 279 | medium | 12 | 24 |
| 1 280 ~ 1 439 | medium | 12 | 24 |
| 1 440 ~ 1 599 | large | 12 | 24 |
| 1 600 ~ 1 919 | large | 12 | 24 |
| 1 920 + | xlarge | 12 | 24 |

图 2-32（续）

（4）边距

边距的宽度可以和水槽统一，也可以根据产品和水槽而有所不同，如图 2-33 所示。当 Android 界面中边距的宽度和水槽不同时，其宽度的设置具体可以参考 iOS 界面布局中边距的宽度。

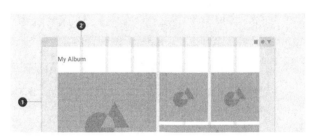

图 2-33

## 2.2.4 Android 界面图标规范

在 Android 界面中，图标规范可以根据 Material Design 语言，从应用图标和系统图标两个方面进行详尽的剖析。

### 1. 应用图标

（1）应用图标的概念

应用图标即产品图标，是品牌和产品的视觉表达，主要出现在主屏幕上，如图 2-34 所示。

图 2-34

（2）应用图标的设计

创建应用图标时，应以 320 dpi 分辨率中的 48 dp 尺寸为基准。Material Design 提供了 4 种不同形状的应用图标尺寸供 UI 设计师参考，以保持一致的视觉平衡，如图 2-35 所示。

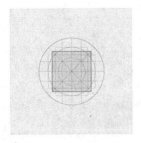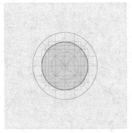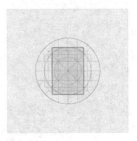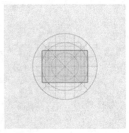

方
高度：44 dp
宽度：44 dp
圆角弧度：4 dp

圆
直径：52 dp

垂直矩形
高度：52 dp
宽度：36 dp
圆角弧度：4 dp

水平矩形
高度：36 dp
宽度：52 dp
圆角弧度：4 dp

图 2-35

（3）应用图标的适配

应用图标的尺寸应根据不同设备的分辨率进行适配，如图 2-36 所示。当应用图标应用于 Google Play 中，其尺寸是 512 px × 512 px。

| 图标单位 | mdpi (160 dpi) | hdpi (240 dpi) | xhdpi (320 dpi) | xxhdpi (480 dpi) | xxxhdpi (640 dpi) |
|---|---|---|---|---|---|
| dp | 24 x 24 | 36 x 36 | 48 x 48 | 72 x 72 | 96 x 96 |
| px | 48 x 48 | 72 x 72 | 96 x 96 | 144 x 144 | 192 x 192 |

图 2-36

**2. 系统图标**

（1）系统图标的概念

系统图标即界面中的功能图标，通过简洁、现代的图形表达一些常见功能。Material Design 提供了一套完整的系统图标，如图 2-37 所示，同时设计师也可以根据产品的调性进行自定义设计。

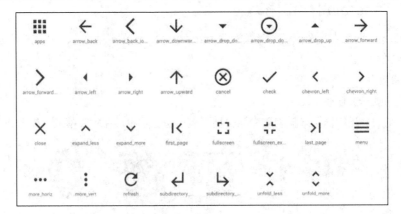

图 2-37

（2）系统图标的设计

创建系统图标时，以 320 dpi 分辨率中的 24 dp 尺寸为基准。图标应该留出一定的边距，如图 2-38 所示，以保证不同面积的图标有协调一致的视觉效果。

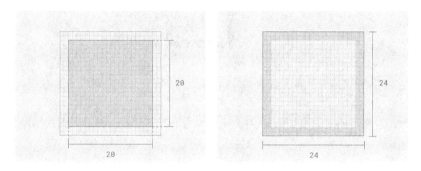

图 2-38

Material Design 语言提供了 4 种不同的图标形状供移动 UI 设计师参考，以保持视觉平衡，如图 2-39 所示。

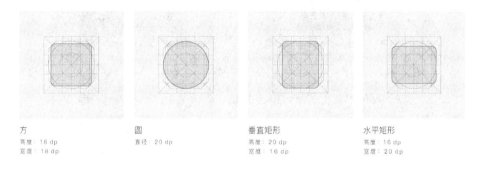

| 方 | 圆 | 垂直矩形 | 水平矩形 |
| --- | --- | --- | --- |
| 高度：18 dp | 直径：20 dp | 高度：20 dp | 高度：16 dp |
| 宽度：18 dp | | 宽度：16 dp | 宽度：20 dp |

图 2-39

设计时为保证图标清晰，需将软件中的 $x$ 坐标和 $y$ 坐标设为整数，而不是小数，并将图标"放在像素上"，如图 2-40 所示。

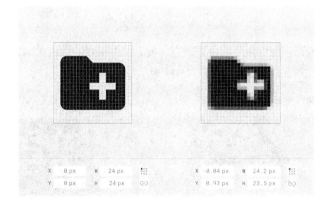

图 2-40

系统图标由描边末端、圆角、反白区域、描边、内部角和边界区域 6 部分组成，如图 2-41 所示。

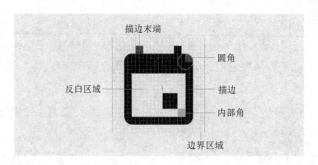

图 2-41

- 边角：边角半径默认为 2 dp。内角应该是方形而不要使用圆形，圆角半径建议使用 2 dp，如图 2-42 所示。

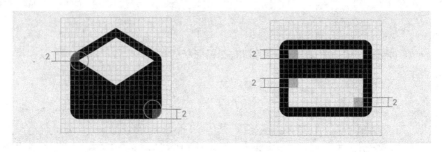

图 2-42

- 描边：系统图标使用 2 dp 的描边以保持图标的一致性，如图 2-43 所示。

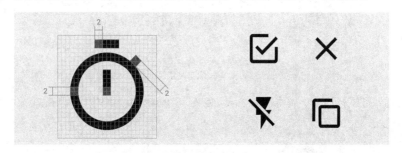

图 2-43

- 描边末端：描边末端应该是直线并带有角度，留白区域的描边粗细也应该是 2 dp。描边如果倾斜 45°，那么末端应该也倾斜 45°，如图 2-44 所示。

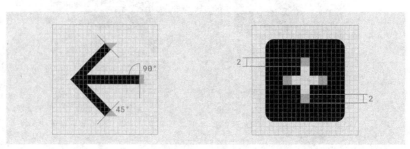

图 2-44

● 视觉校正：如果系统图标需要设计复杂的细节，则可以进行细微的调整以提高其清晰度，如图 2-45 所示。

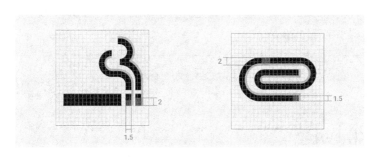

图 2-45

● 系统图标的适配：系统图标的尺寸应根据不同设备的分辨率进行适配，如图 2-46 所示。

| 图标单位 | mdpi (160 dpi) | hdpi (240 dpi) | xhdpi (320 dpi) | xxhdpi (480 dpi) | xxxhdpi (640 dpi) |
| --- | --- | --- | --- | --- | --- |
| dp | 12 x 12 | 18 x 18 | 24 x 24 | 36 x 36 | 48 x 48 |
| px | 24 x 24 | 36 x 36 | 48 x 48 | 72 x 72 | 196 x 196 |

图 2-46

### 2.2.5 Android 界面文字规范

#### 1. 系统字体

在 Android 界面中，英文使用的是 Roboto 字体，共有 6 个字重；中文使用的是思源黑体，又称为 "Source Han Sans" 或 "Noto"，共有 7 个字重，如图 2-47 所示。

Roboto Thin
Roboto Light
Roboto Regular
Roboto Medium
Roboto Bold
Roboto Black
Roboto Thin Italic
Roboto Light Italic
Roboto Italic
Roboto Medium Italic
Roboto Bold Italic
Roboto Black Italic

话 话 话 话 话 话 话　　SIMPLIFIED CHINESE

吴 吴 吴 吴 吴 吴 吴　　TRADITIONAL CHINESE

艺 艺 艺 艺 艺 艺 艺　　JAPANESE

德 德 德 德 德 德 德　　KOREAN

图 2-47

## 2．字号大小

设计 Android 界面时要注意字号的大小，如图 2-48 所示。Android 界面各元素以 720 px × 1 280 px 为基准设计，可以与 iOS 界面对应。其常见的字号有 24 px、26 px、28 px、30 px、32 px、34 px、36 px 等，最小字号为 20 px。

| Android界面对于字号大小的建议 | | | | | |
|---|---|---|---|---|---|
| 位置 | 字体 | 字重 | 字号 | 使用情况 | 字间距 |
| 标题一 | Roboto | Light | 96sp | 正常情况 | -1.5 |
| 标题二 | Roboto | Light | 60sp | 正常情况 | -0.5 |
| 标题三 | Roboto | Regular | 48sp | 正常情况 | 0 |
| 标题四 | Roboto | Regular | 34sp | 正常情况 | 0.25 |
| 标题五 | Roboto | Regular | 24sp | 正常情况 | 0 |
| 标题六 | Roboto | Medium | 20sp | 正常情况 | 0.15 |
| 副标题一 | Roboto | Regular | 16sp | 正常情况 | 0.15 |
| 副标题二 | Roboto | Medium | 14sp | 正常情况 | 0.1 |
| 正文一 | Roboto | Regular | 16sp | 正常情况 | 0.5 |
| 正文二 | Roboto | Regular | 14sp | 正常情况 | 0.25 |
| 按钮 | Roboto | Medium | 14sp | 首字母大写 | 0.75 |
| 标题 | Roboto | Regular | 14sp | 正常情况 | 0.4 |
| 注释 | Roboto | Regular | 14sp | 首字母大写 | 1.5 |

图 2-48

# 03

# 第 3 章
# iOS 界面设计

## 本章介绍

    iOS 界面设计是移动 UI 设计的重要组成部分，它直接影响着 iOS 用户使用 App 的体验。本章对 iOS 界面中的栏、视图及控件的制作进行系统讲解与演练。通过本章的学习，读者可以对 iOS 界面设计有一个基本的认识，并快速掌握设计 iOS 界面的规范和方法。

## 学习目标

- ✔ 了解 iOS 界面设计中"栏"的概念
- ✔ 了解 iOS 界面设计中"视图"的概念
- ✔ 了解 iOS 界面设计中"控件"的概念

## 技术目标

- ✔ 掌握电商类 App 导航栏的制作方法
- ✔ 掌握电商类 App 标签栏的制作方法
- ✔ 掌握电商类 App 工具栏的制作方法
- ✔ 掌握电商类 App 弹出框的制作方法
- ✔ 掌握电商类 App 按钮的制作方法
- ✔ 掌握电商类 App 页面的制作方法
- ✔ 掌握电商类 App 分段的制作方法
- ✔ 掌握电商类 App 步进器的制作方法
- ✔ 掌握电商类 App 开关及文本框的制作方法

# 3.1　栏

栏作为 iOS 界面的组成元素，具有梳理层级、引导交互的重要作用。iOS 界面中的栏主要分为状态栏、导航栏、搜索栏、标签栏及工具栏。

## 3.1.1　状态栏

状态栏（Status Bar）是 iOS 界面最上方用来显示时间、运营商信息、电池电量等内容的区域，如图 3-1 所示。

图 3-1

状态栏是背景完全透明的，在 @2x 下，状态栏的高度为 40 像素，如图 3-2 所示。

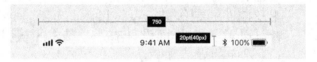

图 3-2

## 3.1.2　导航栏

导航栏（Navigation Bar）位于状态栏下方，是半透明的（不透明度为 70%）。通常导航栏的中间是页面标题，左右放置功能图标，其尺寸如图 3-3 所示。

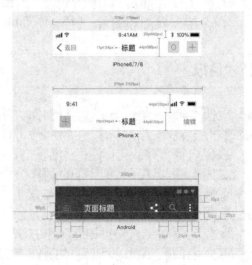

图 3-3

**1．导航栏标题**

标题主要用于标明当前页面，当需要特别强调内容时，建议使用大标题，如图 3-4 所示。

图 3-4

大标题导航栏的尺寸如图 3-5 所示。大标题由于太占空间，并不能像传统导航一样固定在页面顶部，所以在滑动页面时大标题会变成正常导航栏的高度，即 64-pt（@2x 是 128 像素）。

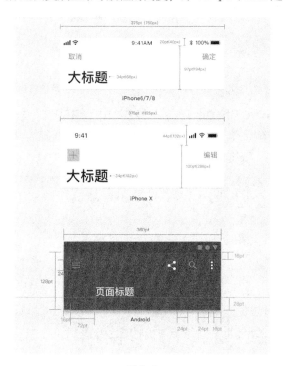

图 3-5

**2．导航栏控件**

导航栏通常只包含视图的当前标题、"返回"按钮和"搜索""添加"或"更多"等一些管理视图内容的控件。如果在导航栏中使用分段控件，则不应包含标题或除分段控件之外的任何控件，如图 3-6 所示。

导航栏控件的尺寸如图 3-7 所示。

图 3-6

| 建议尺寸 | 最大尺寸 |
|---|---|
| 48 px x 48 px (24 pt x 24 pt @2x) | 56 px x 56 px (28 pt x 28 pt @2x) |
| 72 px x 72 px (24 pt x 24 pt @3x) | 84 px x 84 px (28 pt x 28 pt @3x) |

图 3-7

### 3.1.3　课堂案例——制作电商类 App 的导航栏

 **案例学习目标**

学习使用 Photoshop 制作电商类 App 的导航栏。

 **案例知识要点**

使用"圆角矩形"工具绘制形状，使用"置入嵌入对象"命令置入图标，使用"横排文字"工具输入文字。最终效果如图 3-8 所示。

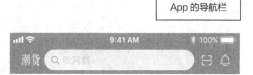

图 3-8

 **效果所在位置**

云盘/Ch03/效果/制作电商类 App 导航栏.psd。

（1）启动 Photoshop CC，按 Ctrl+N 组合键，弹出"新建文档"对话框，将宽度设为 750 像素，高度设为 128 像素，分辨率设为 72 像素/英寸，背景内容设为淡赭色（161、136、107），如图 3-9 所示。单击"创建"按钮，新建文档。

图 3-9

（2）选择"视图>新建参考线版面"命令，弹出"新建参考线版面"对话框，设置如图 3-10 所示。单击"确定"按钮，完成参考线的创建，效果如图 3-11 所示。

图 3-10　　　　　　　　　　　　　　　　　　　　　　　图 3-11

（3）选择"文件>置入嵌入对象"命令，弹出"置入嵌入的对象"对话框。选择云盘中的"Ch03>素材>制作电商类 App 导航栏>01"文件，单击"置入"按钮，将图片置入到图像窗口中。将其拖曳到适当的位置，按 Enter 键确定操作，效果如图 3-12 所示。在"图层"控制面板中生成新的图层并将其命名为"状态栏"。

（4）选择"文件>置入嵌入对象"命令，弹出"置入嵌入的对象"对话框。选择云盘中的"Ch03>素材>制作电商类 App 导航栏>02"文件，单击"置入"按钮，将图片置入到图像窗口中。将其拖曳到适当的位置，按 Enter 键确定操作，效果如图 3-13 所示。在"图层"控制面板中生成新的图层并将其命名为"Logo"。

图 3-12　　　　　　　　　　　　　　　　　　　　　　　图 3-13

（5）选择"圆角矩形"工具 ◻，，在属性栏的"选择工具模式"选项中选择"形状"，将"填充"颜色设为玛瑙灰（233、236、237），"描边"颜色设为无，"半径"选项设置为 32 像素。在图像窗口中适当的位置绘制圆角矩形，在"图层"控制面板中生成新的形状图层"圆角矩形 1"。选择"窗口>属性"命令，弹出"属性"面板，设置如图 3-14 所示。按 Enter 键确定操作，效果如图 3-15 所示。

图 3-14　　　　　　　　　　　　　　　　　　　　　　图 3-15

（6）使用浏览器打开 Iconfont-阿里巴巴矢量图标库官网，单击右侧的"快捷登录"按钮，如图 3-16 所示。在弹出的对话框中选择登录方式并登录，如图 3-17 所示。在搜索框中输入文字"搜索"，如图 3-18 所示，并单击右侧的"搜索"按钮，进入图标页面。

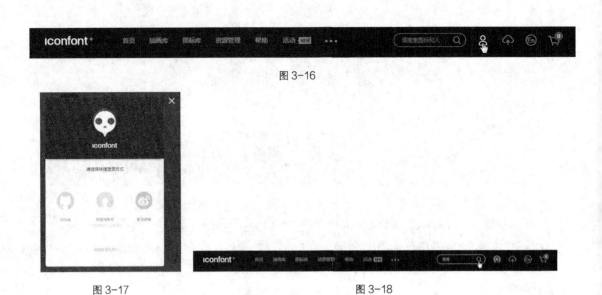

图 3-16

图 3-17                                          图 3-18

（7）在页面中将鼠标指针放置在需要下载的图标上，如图 3-19 所示。单击下方的"下载"按钮，在弹出的对话框中设置需要的颜色，如图 3-20 所示。单击"AI 下载"按钮，在弹出的对话框中设置文件名及下载路径，单击"下载"按钮，下载矢量图标。

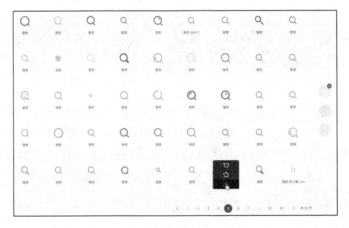

图 3-19

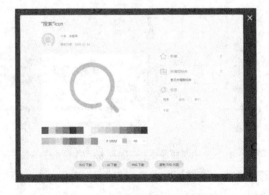

图 3-20

（8）在"图层"控制面板中选中"圆角矩形 1"图层。选择"文件>置入嵌入对象"命令，弹出"置入嵌入的对象"对话框。选择云盘中的"Ch03>素材>制作电商类 App 导航栏> 03"文件，单击"置入"按钮，将图片置入到图像窗口中。将其拖曳到适当的位置，按 Enter 键确定操作，在"图层"控制面板中生成新的图层并将其命名为"方形网格系统"。在"属性"面板中进行设置，如图 3-21 所示。按 Enter 键确定操作，效果如图 3-22 所示。

图 3-21                                          图 3-22

（9）选择"文件>置入嵌入对象"命令，弹出"置入嵌入的对象"对话框。选择云盘中的"Ch03>素材>制作电商类 App 导航栏> 04"文件，单击"置入"按钮，将图标置入到图像窗口中。将其拖曳到适当的位置并调整其大小，按 Enter 键确定操作，在"图层"控制面板中生成新的图层并将其命名为"搜索"。在"属性"面板中进行设置，如图 3-23 所示。按 Enter 键确定操作，将图标置于图标盒子中，效果如图 3-24 所示。

图 3-23                                          图 3-24

（10）单击"方形网格系统"图层左侧的眼睛图标 ，隐藏图层，如图 3-25 所示。选择"横排文字"工具 T，在适当的位置输入需要的文字并选取文字。选择"窗口>字符"命令，弹出"字符"面板，将"颜色"选项设为浅灰色（198、198、198），其他选项的设置如图 3-26 所示。按 Enter 键确定操作，效果如图 3-27 所示，在"图层"控制面板中生成新的文字图层。

图 3-25          图 3-26          图 3-27

（11）选择"文件>置入嵌入对象"命令，弹出"置入嵌入的对象"对话框。选择云盘中的"Ch03>
素材>制作电商类 App 导航栏> 03"文件，单击"置入"按钮，将图片置入到图像窗口中。将其拖曳
到适当的位置，按 Enter 键确定操作。在"图层"控制面板中生成新的图层并将其命名为"方形网格
系统"。在"属性"面板中进行设置，如图 3-28 所示。按 Enter 键确定操作，效果如图 3-29 所示。

图 3-28                              图 3-29

（12）用上述方法下载并置入图标。将其拖曳到适当的位置并调整其大小，按 Enter 键确定操作。
在"图层"控制面板中生成新的图层并将其命名为"扫码"，将"不透明度"选项设为"70%"，如
图 3-30 所示。在"属性"面板中进行设置，如图 3-31 所示。按 Enter 键确定操作，将图标置于图
标盒子中，效果如图 3-32 所示。

图 3-30          图 3-31          图 3-32

（13）单击"方形网格系统"图层左侧的眼睛图标 ◉，隐藏图层，效果如图 3-33 所示。用相同的方法置入"消息"图标，按"Ctrl+；"组合键隐藏参考线，效果如图 3-34 所示。

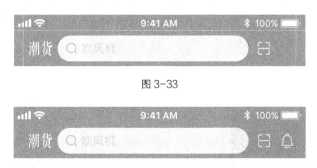

图 3-33

图 3-34

（14）按 Ctrl+S 组合键，弹出"另存为"对话框，将其命名为"制作电商类 App 导航栏"，保存为 PSD 格式。单击"保存"按钮，弹出"Photoshop 格式选项"对话框，单击"确定"按钮，将文件保存。电商类 App 的导航栏制作完成。

### 3.1.4 搜索栏

搜索栏（Search Bar）通过在字段中输入文本来进行相关查找。在默认状态下，搜索栏有大和小两种模式，其尺寸如图 3-35 所示。

搜索栏通常都包含一个用于删除内容的"清除"按钮，同时大多数搜索栏还包含一个用于取消搜索的"取消"按钮，如图 3-36 所示。

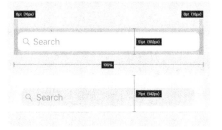

图 3-35                                               图 3-36

搜索栏可以显示提示文本或在下方提供有用的结果列表和其他内容，这两种方法都可以帮助用户更快地获取内容，如图 3-37 所示。

当有明确定义的类别可供搜索时，将范围栏添加到搜索栏可以优化搜索范围，如图 3-38 所示。

图 3-37                                               图 3-38

### 3.1.5　标签栏

　　标签栏（Tab Bar）位于应用程序屏幕底部，用于组织整个应用层面的信息结构，是半透明的（不透明度为 70%）。标签栏一次最多承载 5 个标签，如图 3-39 所示，多于 5 个的标签将以列表形式收纳到"更多"选项中。标签栏的设计尺寸如图 3-40 所示。

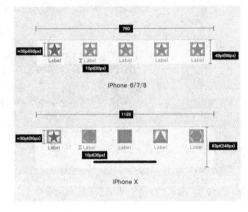

图 3-39　　　　　　　　　　　　　　　　　　　　图 3-40

　　标签栏图标的选中状态为彩色，以区别于非选中状态，如图 3-41 所示。在视觉上，标签栏图标应风格一致且平衡。

图 3-41

### 3.1.6　课堂案例——制作电商类 App 的标签栏

 **案例学习目标**

　　学习使用 Photoshop 制作电商类 App 的标签栏。

 **案例知识要点**

　　使用"置入嵌入对象"命令置入图标，使用"横排文字"工具输入文字，使用"椭圆"工具绘制形状。最终效果如图 3-42 所示。

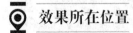 **效果所在位置**

　　云盘/Ch03/效果/制作电商类 App 标签栏.psd。

制作电商类
App 的标签栏

图 3-42

（1）启动 Photoshop CC，按 Ctrl+N 组合键，弹出"新建文档"对话框，将宽度设为 750 像素，高度设为 98 像素，分辨率设为 72 像素/英寸，背景内容设为白色，如图 3-43 所示。单击"创建"按钮，新建文档。

图 3-43

（2）选择"视图>新建参考线版面"命令，弹出"新建参考线版面"对话框，设置如图 3-44 所示。单击"确定"按钮，完成参考线的创建，效果如图 3-45 所示。

（3）选择"矩形"工具 ▢，在属性栏的"选择工具模式"选项中选择"形状"，将"填充"颜色设为黑色，"描边"颜色设为无。在图像窗口中适当的位置绘制矩形，在"图层"控制面板中生成新的形状图层"矩形 1"。选择"窗口>属性"命令，弹出"属性"面板，在面板中进行设置。在"W:"选项中输入数值，如图 3-46 所示，按 Enter 键确定操作，效果如图 3-47 所示。去除小数点后的数值，保留整数，如图 3-48 所示，效果如图 3-49 所示。

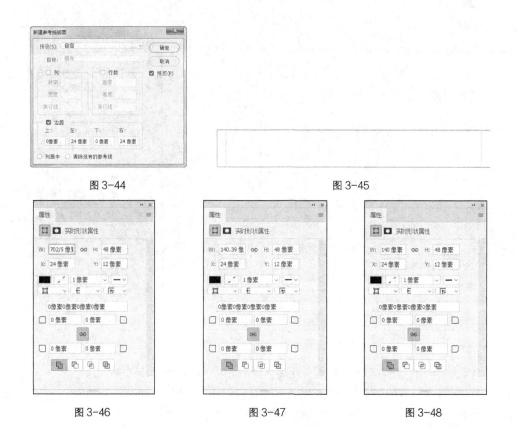

图 3-44　　　　　　　　　　　图 3-45

图 3-46　　　　　　　　　图 3-47　　　　　　　　图 3-48

（4）按 Ctrl+R 组合键，显示标尺。选择"视图>对齐到>全部"命令。在图像窗口左侧标尺上单击并按住鼠标左键，水平向右进行拖曳，在矩形右侧锚点的位置松开鼠标左键，完成参考线的创建，效果如图 3-50 所示。

图 3-49　　　　　　　　　　　图 3-50

（5）在图像窗口上方标尺上单击并按住鼠标左键，垂直向下进行拖曳，在矩形上方锚点的位置松开鼠标左键，完成参考线的创建，如图 3-51 所示。使用相同的方法，在矩形下方创建一条参考线，效果如图 3-52 所示。

图 3-51　　　　　　　　　　　图 3-52

（6）在图像窗口左侧标尺上单击并按住鼠标左键，水平向右进行拖曳，在矩形中心点自动吸附的位置松开鼠标左键，完成参考线的创建，效果如图 3-53 所示。

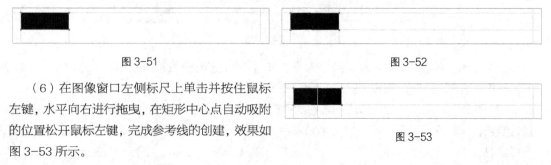

图 3-53

（7）选择"移动"工具 ⊕，在按住 Shift 键的同时，将矩形水平向右移动到适当的位置，使矩形左侧贴齐辅助线，如图 3-54 所示。使用上述方法，分别在位于矩形中心和矩形右侧的位置添加两条垂直辅助线，如图 3-55 所示。

图 3-54 　　　　　　　　　　　　　　　　　图 3-55

（8）使用相同的方法分别添加 4 条垂直辅助线，如图 3-56 所示。选择"矩形"工具 □,，在"属性"面板中进行设置，如图 3-57 所示。在图像窗口左侧标尺上单击并按住鼠标左键，水平向右进行拖曳，在矩形中心点自动吸附的位置松开鼠标左键，完成参考线的创建，效果如图 3-58 所示。按 Enter 键确定操作。在"图层"控制面板中选中"矩形 1"图层，按 Delete 键将其删除，效果如图 3-59 所示。

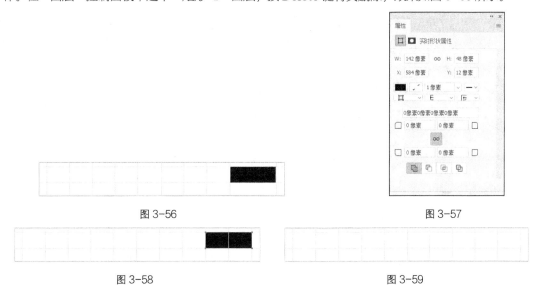

图 3-56 　　　　　　　　　　　　　　　　　图 3-57

图 3-58 　　　　　　　　　　　　　　　　　图 3-59

（9）选择"文件>置入嵌入对象"命令，弹出"置入嵌入的对象"对话框。选择云盘中的"Ch03>素材>制作电商类 App 标签栏> 01"文件，单击"置入"按钮，弹出"打开为智能对象"对话框。选择"页面 1"，如图 3-60 所示，单击"确定"按钮，将图标置入到图像窗口中，效果如图 3-61 所示。将其拖曳到适当的位置并调整大小，按 Enter 键确定操作，在"图层"控制面板中生成新的图层并将其命名为"首页（未选中）"。在"属性"面板中进行设置，如图 3-62 所示。按 Enter 键确定操作，效果如图 3-63 所示。

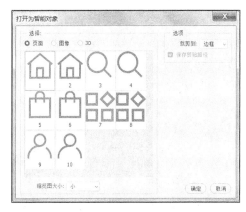

图 3-60 　　　　　　　　　　　　　　　　　图 3-61

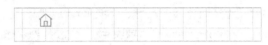

图 3-62　　　　　　　　　　　　图 3-63

（10）选择"文件>置入嵌入对象"命令，弹出"置入嵌入的对象"对话框。选择云盘中的"Ch03>素材>制作电商类 App 标签栏> 01"文件，单击"置入"按钮，弹出"打开为智能对象"对话框。选择"页面2"，如图 3-64 所示，单击"确定"按钮，将图标置入到图像窗口中，并调整为与"首页（未选中）"图标相同的位置与大小。在"图层"控制面板中生成新的图层并将其命名为"首页（已选中）"，如图 3-65 所示。

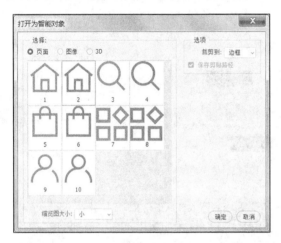

图 3-64　　　　　　　　　　　　图 3-65

（11）单击"首页（未选中）"图层左侧的眼睛图标 👁，隐藏图层，如图 3-66 所示，效果如图 3-67 所示。

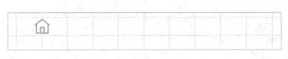

图 3-66　　　　　　　　　　　　图 3-67

（12）使用相同的方法分别置入其他需要的图标并调整大小，在"属性"面板中分别设置图标的位置，在"图层"控制面板中生成新的图层并分别将其命名，设置图标的显示与隐藏，如图 3-68 所示，效果如图 3-69 所示。

图 3-68                                          图 3-69

（13）选择"视图>新建参考线"命令，弹出"新建参考线"对话框，设置如图 3-70 所示。单击"确定"按钮，完成参考线的创建，效果如图 3-71 所示。

图 3-70                                          图 3-71

（14）选中"背景"图层。选择"横排文字"工具 T，在适当的位置输入需要的文字并选取文字，选择"窗口>字符"命令，弹出"字符"面板。将"颜色"选项设为淡赭色（161、136、107），其他选项的设置如图 3-72 所示。按 Enter 键确定操作，效果如图 3-73 所示，在"图层"控制面板中生成新的文字图层。

图 3-72                                          图 3-73

（15）使用相同的方法再次分别输入文字，在"字符"面板中，将"颜色"选项设为嫩灰色（153、153、153），其他选项的设置如图 3-74 所示。按 Enter 键确定操作，效果如图 3-75 所示，在"图层"控制面板中分别生成新的文字图层。

（16）选中"购物袋（已选中）"图层。选择"椭圆"工具 ○，在属性栏的"选择工具模式"选项中选择"形状"，将"填充"颜色设为鹅冠红（230、0、18），"描边"颜色设为无。在图像窗口中适当的位置按住 Shift 键的同时绘制圆形，在"图层"控制面板中生成新的形状图层"椭圆 1"。选择"窗口>属性"命令，弹出"属性"面板，在面板中进行设置，如图 3-76 所示。按 Enter 键确定操作，效果如图 3-77 所示。

图 3-74

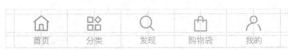

图 3-75

图 3-76

图 3-77

（17）选中"椭圆 1"图层。选择"横排文字"工具 T.，在适当的位置输入需要的文字并选取文字，在"字符"面板中将"颜色"选项设为白色，其他选项的设置如图 3-78 所示。按 Enter 键确定操作，在"图层"控制面板中生成新的文字图层，效果如图 3-79 所示。

图 3-78

图 3-79

（18）在按住 Shift 键的同时，在"图层"控制面板中单击"首页"图层和"我的（已选中）"图层，将需要的图层同时选取，如图 3-80 所示。按 Ctrl+G 组合键，群组图层并将其命名为"标签栏"，如图 3-81 所示。按"Ctrl+;"组合键隐藏参考线，效果如图 3-82 所示。

（19）按 Ctrl+S 组合键，弹出"另存为"对话框，将其命名为"制作电商类 App 标签栏"，保存为 PSD 格式。单击"保存"按钮，弹出"Photoshop 格式选项"对话框，单击"确定"按钮，将文件保存。电商类 App 的标签栏制作完成。

图 3-80      图 3-81         图 3-82

### 3.1.7　工具栏

工具栏（Toolbar）位于应用程序屏幕底部，包含用于执行与当前视图或其中内容相关的操作的按钮，是半透明的（不透明度为 70%）。工具栏的高度略窄，为 44 pt（@2x 是 88 像素）。当需要 3 个以上的工具栏按钮时，建议使用图标，如图 3-83 所示。

图 3-83

### 3.1.8　课堂案例——制作电商类 App 的工具栏

#### 案例学习目标

学习使用 Photoshop 制作电商类 App 的工具栏。

#### 案例知识要点

使用"置入嵌入对象"命令置入图标，使用"圆角矩形"工具绘制形状，使用"横排文字"工具输入文字。最终效果如图 3-84 所示。

#### 效果所在位置

云盘/Ch03/效果/制作电商类 App 工具栏.psd。

制作电商类
App 的工具栏

图 3-84

（1）启动 Photoshop CC，按 Ctrl+N 组合键，弹出"新建文档"对话框，将宽度设为 750 像素，高度设为 98 像素，分辨率设为 72 像素/英寸，背景内容设为白色，如图 3-85 所示。单击"创建"按钮，完成新建文档。

图 3-85

（2）选择"视图>新建参考线版面"命令，弹出"新建参考线版面"对话框，设置如图 3-86 所示。单击"确定"按钮，完成参考线的创建，效果如图 3-87 所示。

（3）选择"文件>置入嵌入对象"命令，弹出"置入嵌入的对象"对话框。选择云盘中的"Ch03>素材>制作电商类 App 工具栏> 01"文件，单击"置入"按钮，将图标置入到图像窗口中。将其拖曳到适当的位置，按 Enter 键确定操作，在"图层"控制面板中生成新的图层并将其命名为"方形网格系统"。在"属性"面板中进行设置，如图 3-88 所示。按 Enter 键确定操作，效果如图 3-89 所示。

图 3-86

图 3-87

图 3-88

图 3-89

（4）在 Iconfont-阿里巴巴矢量图标库官网中下载需要的图标。选择"文件>置入嵌入对象"命令，弹出"置入嵌入的对象"对话框。选择云盘中的"Ch03>素材>制作电商类 App 工具栏> 02"文件，单击"置入"按钮，将图标置入到图像窗口中。将其拖曳到适当的位置并调整其大小，按 Enter 键确定操作，在"图层"控制面板中生成新的图层并将其命名为"店铺"。在"属性"面板中进行设置，如图 3-90 所示，按 Enter 键确定操作，将图标置于图标盒子中，效果如图 3-91 所示。用相同的方法置入其他图标，效果如图 3-92 所示。

图 3-90

图 3-91

图 3-92

（5）依次单击"方形网格系统"图层左侧的眼睛图标 👁，隐藏图层，效果如图 3-93 所示。选择"横排文字"工具 **T.**，在适当的位置输入需要的文字并选取文字，在"字符"面板中将"颜色"选项设为深灰色（102、102、102），其他选项的设置如图 3-94 所示。按 Enter 键确定操作，效果如图 3-95 所示，在"图层"控制面板中生成新的文字图层。用相同的方法输入其他文字，效果如图 3-96 所示。

图 3-93

图 3-94

图 3-95

图 3-96

（6）选择"圆角矩形"工具 ▢.，在属性栏的"选择工具模式"选项中选择"形状"，将"填充"颜色设为枫叶红（219、68、61），"描边"颜色设为无，"半径"选项设置为 32 像素。在图像窗口中适当的位置绘制圆角矩形，在"图层"控制面板中生成新的形状图层"圆角矩形 1"。选择"窗口>属性"命令，弹出"属性"面板，设置如图 3-97 所示。按 Enter 键确定操作，效果如图 3-98 所示。

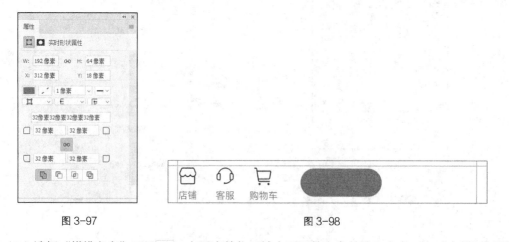

图 3-97

图 3-98

（7）选择"横排文字"工具 **T.**，在适当的位置输入需要的文字并选取文字，在"字符"面板中将"颜色"设为白色,其他选项的设置如图 3-99 所示。按 Enter 键确定操作,效果如图 3-100 所示。

图 3-99                                                图 3-100

(8)选择"移动"工具 ⊕,,单击选取图形,在按住 Shift+Alt 组合键的同时,水平向右拖曳图形到适当的位置复制图形,效果如图 3-101 所示。选择"圆角矩形"工具 ○,,在"属性"面板中将"填充"颜色设为橘黄色(241、155、53)。其他选项的设置如图 3-102 所示,效果如图 3-103 所示。

图 3-101

图 3-102                                                图 3-103

(9)选择"横排文字"工具 T,,在适当的位置输入需要的文字并选取文字,在"字符"面板中将"颜色"选项设为白色,其他选项的设置如图 3-104 所示。按 Enter 键确定操作,在"图层"控制面板中生成新的文字图层,效果如图 3-105 所示。

图 3-104                                                图 3-105

（10）在按住 Shift 键的同时，在"图层"控制面板中单击"方形网格系统"图层和"加入购物车"文字图层，将需要的图层同时选取，如图 3-106 所示。按 Ctrl+G 组合键，群组图层并将其命名为"工具栏"，如图 3-107 所示。按"Ctrl+;"组合键隐藏参考线，效果如图 3-108 所示。

图 3-106

图 3-107

图 3-108

（11）按 Ctrl+S 组合键，弹出"另存为"对话框，将其命名为"制作电商类 App 工具栏"，保存为 PSD 格式。单击"保存"按钮，弹出"Photoshop 格式选项"对话框，单击"确定"按钮，将文件保存。电商类 App 的工具栏制作完成。

## 3.2　视图

iOS 视图作为 iOS 界面的组成元素，可以针对不同的内容进行选用，同时产生不同的交互，给用户带来自然流畅的体验。

### 3.2.1　操作列表

操作列表（Action Sheet）是一种特殊的弹窗形式，用于反馈特定的交互动作，通常包含两个或更多选项。使用操作列表是为了让用户启动任务，或者确认不可撤销的交互动作。在小屏设备上，操作列表内容由下向上滑动显示；而在大屏设备上，操作列表内容作为弹窗全部显示，如图 3-109 所示。

图 3-109

### 3.2.2　活动视图

活动视图（Activity View）是用于执行应用中特定任务的视图，如复制、收藏、查找等。一旦启动活动视图，就可以立即执行任务，或者逐步完成多步任务。活动均由活动视图管理，是采用表单样式还是展开显示，取决于移动设备屏幕的大小和方向，如图 3-110 所示。

图 3-110

### 3.2.3　警告窗

警告窗（Alert）用于传达反馈应用程序或设备状态相关的重要信息，由标题、可选消息、一个或多个按钮及解释说明文字字段组成。除这些可配置的元素外，弹窗的视觉样式是不可自定义的，如图 3-111 所示。

图 3-111

### 3.2.4　集合视图

集合视图（Collection View）是一组有序内容（如一组照片等），布局形式可自定义并高度可视化。通常，集合视图非常适合于展示图像内容，可以自定义背景和其他装饰视图，从视觉上区分于图片子集，如图 3-112 所示。

图 3-112

### 3.2.5　图像视图

图像视图（Image View）用于在透明或不透明背景上显示单个图片或图片序列。在图像视图中，图像可以被拉伸、缩放或固定到特定位置。默认情况下，图像视图没有交互功能，如图 3-113 所示。

图 3-113

### 3.2.6 地图视图

地图视图（Map View）用于在应用中显示地理数据，它支持内置地图应用提供的大部分功能。地图视图可以配置为显示标准地图、卫星图像或两者兼备。它包括图钉和覆盖物，并支持缩放和平移，如图 3-114 所示。

图 3-114

### 3.2.7 页面浏览控制器

页面浏览控制器（Page）提供了一种在文档、书籍、记事本或日历之间的内容页线性导航方式，它使用滚动过渡、卷曲转换方式实现页面之间的转换。滚动过渡没有特定的外观，页面可以流畅地从一个滚动到下一个，如图 3-115（a）所示；当用户在屏幕上滑动手指时，卷曲转换显示为页面卷曲，就像现实世界中的书一样，如图 3-115（b）所示。

（a）　　　　　　　　（b）

图 3-115

### 3.2.8　弹出框

弹出框（Popover）是一种临时视图，当用户单击控件或区域时，它会显示在屏幕上的其他内容上方。通常，弹出框应在 iPad 应用中使用，如图 3-116 所示。在 iPhone 应用中，建议在全屏模式视图中呈现信息，而不是在弹出框中。

图 3-116

### 3.2.9　课堂案例——制作电商类 App 的弹出框

 **案例学习目标**

学习使用 Photoshop 制作电商类 App 的弹出框。

**案例知识要点**

使用"圆角矩形"工具和"直线"工具绘制形状，使用"置入嵌入对象"命令置入图片和图标，使用"横排文字"工具输入文字。最终效果如图 3-117 所示。

制作电商类
App 的弹出框

图 3-117

## 效果所在位置

云盘/Ch03/效果/制作电商类 App 弹出框.psd。

（1）启动 Photoshop CC，按 Ctrl+N 组合键，弹出"新建文档"对话框，将宽度设为 750 像素，高度设为 896 像素，分辨率设为 72 像素/英寸，背景内容设为"透明"，如图 3-118 所示。单击"创建"按钮，完成新建文档。

图 3-118

（2）选择"矩形"工具 □，在属性栏的"选择工具模式"选项中选择"形状"，将"填充"颜色设为白色，"描边"颜色设为无。在图像窗口中适当的位置绘制矩形，在"图层"控制面板中生成新的形状图层"矩形 1"。选择"窗口>属性"命令，弹出"属性"面板，设置如图 3-119 所示。按 Enter键确定操作，效果如图 3-120 所示。

图 3-119

图 3-120

（3）选择"圆角矩形"工具 □，在属性栏的"选择工具模式"选项中选择"形状"，将"填充"颜色设为海参灰（245、245、245），"描边"颜色设为无，"半径"选项设置为 8 像素。在图像窗口中适当的位置绘制圆角矩形，在"图层"控制面板中生成新的形状图层"圆角矩形 1"。在"属性"面板中进行设置，如图 3-121 所示。按 Enter 键确定操作，效果如图 3-122 所示。

图 3-121

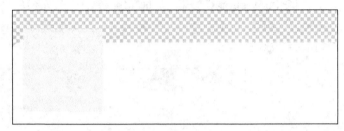

图 3-122

（4）选取"圆角矩形 1"图层。选择"文件>置入嵌入对象"命令，弹出"置入嵌入的对象"对话框。选择云盘中的"Ch03>制作电商类 App 弹出框>素材> 01"文件，单击"置入"按钮，将图片置入到图像窗口中。将其拖曳到适当的位置并调整大小，按 Enter 键确定操作，在"图层"控制面板中生成新的图层并将其命名为"缩略图"，效果如图 3-123 所示。

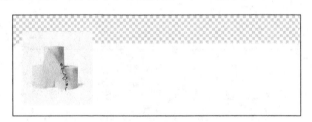

图 3-123

（5）选择"横排文字"工具 T，在适当的位置输入需要的文字并选取文字，选择"窗口>字符"命令，弹出"字符"面板，将"颜色"选项设为枫叶红（225、26、0），其他选项的设置如图 3-124 所示。按 Enter 键确定操作，效果如图 3-125 所示，在"图层"控制面板中生成新的文字图层。

（6）选中文字"48.9"，在"字符"面板中进行设置，如图 3-126 所示，效果如图 3-127 所示。选中文字"起"，在"字符"面板中进行设置，如图 3-128 所示，效果如图 3-129 所示。

图 3-124

图 3-125

图 3-126

（7）选择"横排文字"工具 T，在适当的位置输入需要的文字并选取文字，在"字符"面板中将"颜色"选项设为长石灰（54、52、51），其他选项的设置如图 3-130 所示。按 Enter 键确定操作，效果如图 3-131 所示，在"图层"控制面板中生成新的文字图层。

图 3-127 　　　　　　　　图 3-128 　　　　　　　　图 3-129

图 3-130 　　　　　　　　　　　　图 3-131

（8）选择"文件>置入嵌入对象"命令，弹出"置入嵌入的对象"对话框。选择云盘中的"Ch03>制作电商类 App 弹出框>素材> 02"文件，单击"置入"按钮，将图片置入到图像窗口中。将其拖曳到适当的位置并调整大小。按 Enter 键确定操作，在"图层"控制面板中生成新的图层并将其命名为"关闭"，效果如图 3-132 所示。

（9）选择"视图>新建参考线"命令，弹出"新建参考线"对话框，设置如图 3-133 所示。单击"确定"按钮，完成参考线的创建，效果如图 3-134 所示。

图 3-132 　　　　　　　　　　　　图 3-133

（10）选择"直线"工具 ╱，在属性栏的"选择工具模式"选项中选择"形状"，将"填充"颜色设为无，"描边"颜色设为海参灰（245、245、245），"粗细"选项设为 2 像素。在按住 Shift 键的同时，在图像窗口中参考线的位置绘制直线，按"Ctrl+;"组合键隐藏参考线，效果如图 3-135 所示，在"图层"控制面板中生成新的形状图层"形状 1"。

图 3-134 　　　　　　　　　　　　图 3-135

（11）选择"视图>新建参考线"命令，弹出"新建参考线"对话框，设置如图 3-136 所示。单击"确定"按钮，完成参考线的创建，效果如图 3-137 所示。

（12）选择"横排文字"工具 **T**，在适当的位置输入需要的文字并选取文字，在"字符"面板中，将"颜色"选项设为长石灰（54、52、51），其他选项的设置如图 3-138 所示。按 Enter 键确定操作，效果如图 3-139 所示，在"图层"控制面板中生成新的文字图层。

图 3-136          图 3-137          图 3-138

（13）选择"圆角矩形"工具 □，在属性栏的"选择工具模式"选项中选择"形状"，将"填充"颜色设为海参灰（245、245、245），"描边"颜色设为无，"半径"选项设置为 8 像素。在图像窗口中适当的位置绘制圆角矩形，在"图层"控制面板中生成新的形状图层"圆角矩形 2"。在"属性"面板中进行设置，如图 3-140 所示。按 Enter 键确定操作，效果如图 3-141 所示。

图 3-139          图 3-140          图 3-141

（14）选择"横排文字"工具 **T**，在适当的位置输入需要的文字并选取文字，在"字符"面板中将"颜色"选项设为长石灰（54、52、51），其他选项的设置如图 3-142 所示。按 Enter 键确定操作，效果如图 3-143 所示，在"图层"控制面板中生成新的文字图层。

（15）在按住 Shift 键的同时，在"图层"控制面板中单击"圆角矩形 2"图层和"3 层 125g30卷"文字图层，将需要的图层同时选取，如图 3-144 所示。按 Ctrl+G 组合键，群组图层并将其命名为"规格 1"，如图 3-145 所示。

图 3-142                          图 3-143                          图 3-144

（16）将"规格 1"图层组拖曳到"图层"控制面板下方的"创建新图层"按钮 ⬛ 上进行复制，生成新的图层组并将其命名为"规格 2"。选择"移动"工具 ⊕，选取图形，在按住 Shift 键的同时将图形水平向右拖曳到适当的位置，效果如图 3-146 所示。

（17）展开"规格 2"图层组，选择"横排文字"工具 T，选取文字并修改文字，效果如图 3-147 所示。用相同的方法添加多个效果，如图 3-148 所示，"图层"控制面板如图 3-149 所示。

图 3-145

图 3-146                                    图 3-147

图 3-148                                    图 3-149

（18）展开"规格 4"图层组，单击选取"圆角矩形 2"图层。选择"圆角矩形"工具 ⬜，在"属性"面板中将"填充"颜色设为香槟色（240、226、212），"描边"颜色设为橘色（204、134、66），"粗细"选项设为 1 像素，如图 3-150 所示。按 Enter 键确定操作，效果如图 3-151 所示。

图 3-150                                                           图 3-151

（19）选择"规格5"图层组。选择"横排文字"工具 **T.**，在适当的位置输入需要的文字并选取文字，在"字符"面板中将"颜色"选项设为长石灰（54、52、51），其他选项的设置如图 3-152 所示。按 Enter 键确定操作，效果如图 3-153 所示，在"图层"控制面板中生成新的文字图层。

图 3-152                                                           图 3-153

（20）按 Ctrl＋O 组合键，打开云盘中的"Ch03 >效果>制作电商类 App 步进器控件.psd"文件，在"图层"控制面板中，选中"步进器控件"图层组。选择"移动"工具 **⊹.**，将选取的图层组拖曳到新建的图像窗口中适当的位置，效果如图 3-154 所示。

（21）选择"视图>新建参考线"命令，弹出"新建参考线"对话框，设置如图 3-155 所示。单击"确定"按钮，完成参考线的创建，效果如图 3-156 所示。

图 3-154                                                           图 3-155

（22）选择"直线"工具 **╱.**，在属性栏的"选择工具模式"选项中选择"形状"，将"填充"颜色设为无，"描边"颜色设为海参灰（238、238、238），"粗细"选项设为 1 像素。在按住 Shift 键的同时，在图像窗口中参考线的位置绘制直线，按"Ctrl+;"组合键隐藏参考线，效果如图 3-157 所示。在"图层"控制面板中生成新的形状图层"形状 2"，如图 3-158 所示。

图 3-156                    图 3-157

（23）按 Ctrl+O 组合键，打开云盘中的"Ch03 >效果>制作电商类 App 工具栏.psd"文件。在"图层"控制面板中，选中"工具栏"图层组。选择"移动"工具 ⊕，将选取的图层组拖曳到新建的图像窗口中适当的位置，效果如图 3-159 所示。

（24）在"图层"控制面板中按住 Shift 键的同时，单击"矩形 1"图层，将需要的图层同时选取，按 Ctrl+G 组合键，群组图层并将其命名为"弹出框"，如图 3-160 所示。

图 3-158                    图 3-159

（25）按 Ctrl+S 组合键，弹出"另存为"对话框，将其命名为"制作电商类 App 弹出框"，保存为 psd 格式。单击"保存"按钮，弹出"Photoshop 格式选项"对话框，单击"确定"按钮，将文件保存。电商类 App 的弹出框制作完成，效果如图 3-161 所示。

图 3-160                    图 3-161

### 3.2.10　滚动视图

滚动视图（Scroll View）允许用户浏览大于可见区域的内容，如文档中的文本或图像集合，如图 3-162 所示。当用户滑动、轻拂、拖动、点按和捏住屏幕时，滚动视图会跟随手势，以自然的方式显示或缩放内容。滚动视图本身没有外观，但是与其用户交互时它会显示临时滚动指示器。滚动视图还可以配置为在分页模式下操作，其中滚动显示全新的内容页面，而不是移动当前页面。

图 3-162

### 3.2.11　分屏视图

分屏视图（Split View）用于显示两个并排的内容窗格，包含主窗格中的常驻内容及辅窗格中的相关信息，如图 3-163 所示。每个窗格可以包含各种元素，如导航栏、工具栏、标签栏、表格、集合、图像、地图和自定义视图。如有需要，主窗格可以覆盖辅窗格，并且可以在不使用时隐藏屏幕。

图 3-163

### 3.2.12　表单视图

表单视图（Table View）以一个可滚动的单列多行的形式来简洁、高效地展示一段或一组数据。

通常，表格用于展示文字内容，而且经常以导航的方式出现在分栏视图的一侧，另一侧显示相关内容。在 iOS 界面中，表单有常规和分组两种样式，如图 3-164 所示。

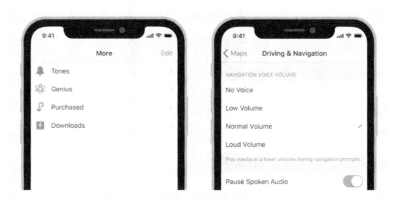

图 3-164

### 3.2.13　文本视图

文本视图（Text View）用于显示多行样式的文本内容。它可以是任何高度，当内容扩展到视图之外时使用滚动方式显示。默认情况下，文本视图中的内容是左对齐的，并使用黑色的系统字体。如果文本视图可编辑，在用户单击视图时会出现键盘，如图 3-165 所示。

图 3-165

### 3.2.14　网络视图

网络视图（Web View）用于直接在应用中加载和显示丰富的网站内容。例如，在电子邮件的消息中可使用网络视图显示 HTML 内容，如图 3-166 所示。

图 3-166

## 3.3　控件

iOS12 将 iOS 移动操作系统又一次提升至新标准，同时也使使用 iOS 的移动设备更强大、更个性化、更智能化。

### 3.3.1　按钮

按钮（Button）适用于应用程序的特定操作，由标题或图标组成，并支持自定义。

**1．系统按钮**

系统按钮（System Button）可以在任何地方使用，但通常显示在导航栏和工具栏中，如图 3-167 所示。

**2．详细信息按钮**

详细信息按钮（Detail Disclosure Button）的触发可打开一个视图（通常是模态视图），该视图包含附加信息或本屏内相关选项的特定功能，如图 3-168 所示。

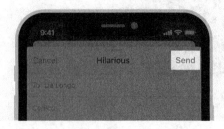

图 3-167

图 3-168

**3．信息按钮**

信息按钮（Info Button）的触发可在视图翻转后，用于显示有关应用程序的配置详细信息，信息有时会显示在当前视图的背面。信息按钮有浅色和深色两种风格，如图 3-169 所示。

#### 4. 添加联系人按钮

用户可以通过单击"添加联系人"按钮（Add Contact Button）来浏览现有联系人列表，并选择一个联系人插入文本字段或其他视图中。例如，在电子邮件中，可以单击邮件收件人字段中的"添加联系人"按钮，从联系人列表中选择收件人，如图 3-170 所示。

图 3-169                                    图 3-170

### 3.3.2　课堂案例——制作电商类 App 的按钮

制作电商类
App 的按钮

 **案例学习目标**

学习使用 Photoshop 制作电商类 App 的按钮。

 **案例知识要点**

使用"置入嵌入对象"命令置入图标，使用"椭圆"工具绘制形状，使用"横排文字"工具输入文字。最终效果如图 3-171 所示。

**效果所在位置**

云盘/Ch03/效果/制作电商类 App 按钮.psd。

图 3-171

（1）启动 Photoshop CC，按 Ctrl+N 组合键，弹出"新建文档"对话框，将宽度设为 750 像素，高度设为 88 像素，分辨率设为 72 像素/英寸，背景内容设为尘灰色（209、192、165），如图 3-172 所示。单击"创建"按钮，完成新建文档。

图 3-172

（2）选择"视图>新建参考线版面"命令，弹出"新建参考线版面"对话框，设置如图 3-173 所示。单击"确定"按钮，完成参考线的创建，效果如图 3-174 所示。

图 3-173                                   图 3-174

（3）选择"文件>置入嵌入对象"命令，弹出"置入嵌入的对象"对话框。选择云盘中的"Ch03>素材>制作电商类 App 按钮>01"文件，单击"置入"按钮，将图片置入到图像窗口中。将其拖曳到适当的位置，按 Enter 键确定操作，在"图层"控制面板中生成新的图层并将其命名为"矩形网格系统"。在"属性"面板中进行设置，如图 3-175 所示。按 Enter 键确定操作，效果如图 3-176 所示。

图 3-175                                   图 3-176

（4）在 Iconfont-阿里巴巴矢量图标库官网中下载需要的图标。选择"文件>置入嵌入对象"命令，弹出"置入嵌入的对象"对话框。选择云盘中的"Ch03>素材>制作电商类 App 按钮>02"文件，单击"置入"按钮，将图标置入到图像窗口中。将其拖曳到适当的位置并调整大小，按 Enter 键确定操作，在"图层"控制面板中生成新的图层并将其命名为"消息"。在"属性"面板中进行设置，如图 3-177 所示。按 Enter 键确定操作，效果如图 3-178 所示。

（5）用上述方法置入其他图标，在"图层"控制面板中生成新的图层并将其分别命名为"方形网格系统"和"设置"，如图 3-179 所示，效果如图 3-180 所示。依次单击"方形网格系统"和"矩形网格系统"图层左侧的眼睛图标 ，隐藏图层，效果如图 3-181 所示。

| 图 3-177 | 图 3-178 | 图 3-179 |

（6）选择"椭圆"工具 ，在属性栏的"选择工具模式"选项中选择"形状"，将"填充"颜色设为鹅冠红（230、0、18），"描边"颜色设为无。在图像窗口中适当的位置按住 Shift 键的同时绘制圆形，在"图层"控制面板中生成新的形状图层"椭圆 1"。选择"窗口>属性"命令，弹出"属性"面板，在面板中进行设置，如图 3-182 所示。按 Enter 键确定操作，效果如图 3-183 所示。

| 图 3-180 | 图 3-181 | 图 3-182 | 图 3-183 |

（7）选中"椭圆 1"图层。选择"横排文字"工具 ，在适当的位置输入需要的文字并选取文字，在"字符"面板中将"颜色"选项设为白色，其他选项的设置如图 3-184 所示。按 Enter 键确定操作，在"图层"控制面板中生成新的文字图层，效果如图 3-185 所示。

（8）在"图层"控制面板中按住 Shift 键的同时，单击"矩形网格系统"图层和"8"文字图层，将需要的图层同时选取，如图 3-186 所示。按 Ctrl+G 组合键群组图层，并将其命名为"按钮控件"如图 3-187 所示。按"Ctrl+；"组合键隐藏参考线，效果如图 3-188 所示。

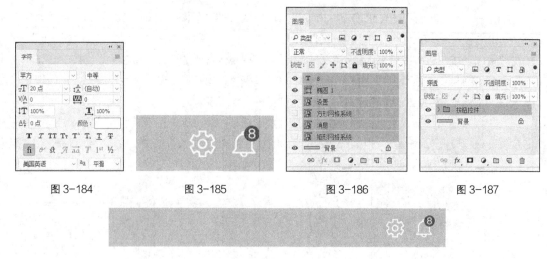

图 3-184　　　　　图 3-185　　　　　图 3-186　　　　　图 3-187

图 3-188

（9）按 Ctrl+S 组合键，弹出"另存为"对话框，将其命名为"制作电商类 App 按钮"，保存为 PSD 格式。单击"保存"按钮，弹出"Photoshop 格式选项"对话框，单击"确定"按钮，将文件保存。电商类 App 的按钮制作完成。

### 3.3.3　编辑菜单

利用编辑菜单（Edit Menu），用户可以通过双击或触摸并按住文本字段、文本视图、Web 视图或图像视图中的元素以选择内容并显示编辑选项，如复制、粘贴等，如图 3-189 所示。

图 3-189

### 3.3.4　标签

标签（Label）用于描述屏幕界面元素或提供短消息。虽然用户无法编辑标签，但有时可以复制标签里的内容。标签可以显示任意数量的静态文本，但最好保持简短，如图 3-190 所示。

图 3-190

### 3.3.5　页面

页面（Page）用于显示当前页面在平面页面列表中的位置。它以一系列小指示点的形式出现，表示可用页面的打开顺序，其中实心点表示当前页面，如图 3-191 所示。

图 3-191

### 3.3.6　课堂案例——制作电商类 App 的页面

**案例学习目标**

学习使用 Photoshop 制作电商类 App 的页面。

**案例知识要点**

使用"椭圆"工具绘制形状，使用"置入嵌入对象"命令置入图标，使用"横排文字"工具输入文字。最终效果如图 3-192 所示。

制作电商类
App 的页面

**效果所在位置**

云盘/Ch03/效果/制作电商类 App 页面.psd。

图 3-192

（1）启动 Photoshop CC，按 Ctrl+N 组合键，弹出"新建文档"对话框，将宽度设为 750 像素，高度设为 48 像素，分辨率设为 72 像素/英寸，背景内容设为黑色，如图 3-193 所示。单击"创建"按钮，完成新建文档。

（2）选择"椭圆"工具 ◯，在属性栏的"选择工具模式"选项中选择"形状"，将"填充"颜色设为白色，"描边"颜色设为无。在图像窗口中选择适当的位置，在按住 Shift 键的同时绘制圆形，在"图层"控制面板中生成新的形状图层"椭圆 1"。在"属性"面板中进行设置，如图 3-194 所示。按 Enter 键确定操作，效果如图 3-195 所示。

图 3-193

图 3-194

图 3-195

（3）在"图层"控制面板中，将"不透明度"选项设为"30%"，如图 3-196 所示。按 Enter 键确定操作，效果如图 3-197 所示。

图 3-196

图 3-197

（4）选择"移动"工具 ，选取图形。在按住 Shift+Alt 组合键的同时，水平向右拖曳图形到适当的位置复制图形。在"属性"面板中进行设置，如图 3-198 所示，效果如图 3-199 所示。再次复制图形，在"属性"面板中进行设置；如图 3-200 所示，效果如图 3-201 所示。

（5）在"图层"控制面板中选取"椭圆 1 拷贝 2"图层，将"不透明度"选项设为"100%"，按 Enter 键确定操作，效果如图 3-202 所示。在按住 Shift 键的同时，单击"椭圆 1"图层和"椭圆 1 拷贝 2"图层，将需要的图层同时选取，如图 3-203 所示。按 Ctrl+G 组合键群组图层，并将其命名为"控件",如图 3-204 所示。

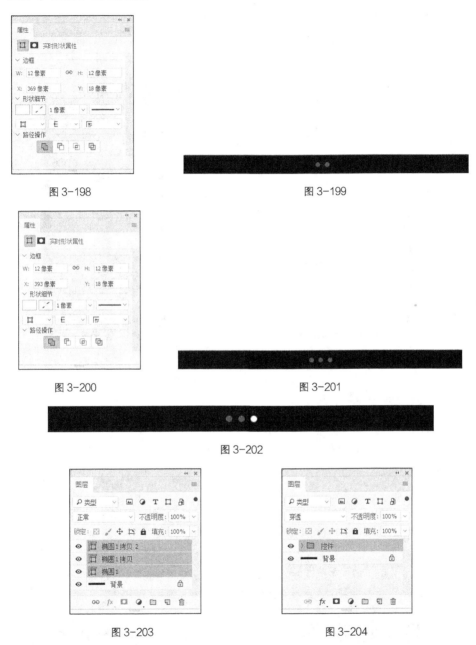

图 3-198　　　　　　　　　　　　　　　图 3-199

图 3-200　　　　　　　　　　　　　　　图 3-201

图 3-202

图 3-203　　　　　　　　　　　　　　　图 3-204

（6）按 Ctrl+S 组合键,弹出"另存为"对话框,将其命名为"电商类 App 页面",保存为 psd 格式。单击"保存"按钮,弹出"Photoshop 格式选项"对话框,单击"确定"按钮,将文件保存。电商类 App 的页面制作完成。

### 3.3.7　选择器

选择器（Picker）由一个或多个不同值的可滚动列表组成,每个值都具有单个选定值。选择器出现时，页面都有深色遮罩，通常显示在屏幕底部或弹出窗口中。选择器的高度通常是 5 行列表值的高度，宽度可以是屏幕的宽度或其封闭视图的宽度，具体视页面情况而定，如图 3-205 所示。

日期选择器（Date Picker）是一个有效的接口，用于选择特定的日期、时间或两者兼而有之的控件，如图 3-206 所示。

图 3-205

图 3-206

### 3.3.8　进度指示器

进度指示器（Progress Indicator）的作用主要是让用户在等待应用程序加载内容或执行冗长的数据处理操作时，不用一直盯着静态屏幕。它使用活动指示器和进度条让用户知道应用程序没有停顿，并清楚还要等待多长时间。

**1. 活动指示器**

活动指示器（Activity Indicator）随着无法量化的任务旋转，如随着加载或同步复杂的数据进行，任务完成时它就会消失。活动指示器不具备交互功能，如图 3-207 所示。

**2. 进度条**

进度条（Progress Bar）通过从左到右填充轨迹来显示任务已持续时间。它虽然可以伴有用于取消相应操作的按钮，但本身也不具备交互功能，如图 3-208 所示。

图 3-207

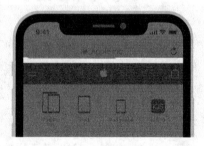

图 3-208

**3．网络活动指示器**

在没有边缘到边缘显示的设备上，连网时，网络活动指示器（Network Activity Indicator）会在屏幕顶部的状态栏中旋转，网络连接完成后会消失。该指示器看起来就像一个活动指示器，并且不具备交互功能，如图 3-209 所示。

图 3-209

### 3.3.9　刷新

手动启动刷新（Refresh Content）会立即重新加载内容。在表视图中，通常无须等待就会自动完成下一次内容更新。刷新是一种特殊类型的活动指示器，默认情况下是隐藏的，拖动列表页时自动变为可见并且重新加载内容。例如，在电子邮件中，用户可以向下拖动收件箱中的邮件列表以检查新邮件，如图 3-210 所示。

图 3-210

### 3.3.10　分段

分段（Segmented）是两个或多个段的线性集合，每个分段卡都是独立的按钮。在控件内，所有段的宽度相等。像按钮一样，分段卡也可以包含文本或图像。分段通常用于显示不同的视图。例如，在地图类 App 中，分段可让用户在地图、公交和卫星视图之间切换，如图 3-211 所示。

图 3-211

### 3.3.11　课堂案例——制作电商类 App 的分段

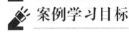 **案例学习目标**

学习使用 Photoshop 制作电商类 App 的分段。

制作电商类
App 的分段

■ **案例知识要点**

使用"横排文字"工具输入文字，使用"圆角矩形"工具和"直线"工具绘制形状。最终效果如图 3-212 所示。

◉ **效果所在位置**

云盘／Ch03/效果/制作电商类 App 分段.psd。

图 3-212

（1）启动 Photoshop CC，按 Ctrl+N 组合键，弹出"新建文档"对话框，将宽度设为 750 像素，高度设为 122 像素，分辨率设为 72 像素/英寸，背景内容设为银灰色（238、238、238），如图 3-213 所示。单击"创建"按钮，完成新建文档。

图 3-213

（2）选择"视图>新建参考线版面"命令，弹出"新建参考线版面"对话框，设置如图 3-214 所示。单击"确定"按钮，完成参考线的创建，效果如图 3-215 所示。

图 3-214

图 3-215

（3）选择"横排文字"工具 T,，在适当的位置输入需要的文字并选取文字，选择"窗口>字符"命令，弹出"字符"面板。将"颜色"选项设为鹅冠红（230、0、18），其他选项的设置如图 3-216 所示。按 Enter 键确定操作，效果如图 3-217 所示，在"图层"控制面板中生成新的文字图层。

（4）选择"圆角矩形"工具 ◻,，在属性栏的"选择工具模式"选项中选择"形状"，将"填充"颜色设为鹅冠红（230、0、18），"描边"颜色设为无，"半径"选项设置为 16 像素。在图像窗口中适当的位置绘制圆角矩形，在"图层"控制面板中生成新的形状图层"圆角矩形 1"。在"属性"面板中进行设置，如图 3-218 所示。按 Enter 键确定操作，效果如图 3-219 所示。

图 3-216　　　　　　　　　图 3-217　　　　　　　　　图 3-218

（5）选择"横排文字"工具 T,，在适当的位置输入需要的文字并选取文字，选择"窗口>字符"命令，弹出"字符"面板。将"颜色"选项设为白色，其他选项的设置如图 3-220 所示。按 Enter 键确定操作，效果如图 3-221 所示，在"图层"控制面板中生成新的文字图层。

图 3-219　　　　　　　　　图 3-220　　　　　　　　　图 3-221

（6）选择"移动"工具 ✛,，选取需要的文字。在按住 Alt+Shift 组合键的同时，将文字水平向右复制到适当的位置，如图 3-222 所示。选择"横排文字"工具 T,，选取文字并修改文字，效果如图 3-223 所示。

图 3-222　　　　　　　　　　　　　　　图 3-223

（7）用上述方法再次复制并修改文字，设置文字的填充色为长石灰（54、52、51），效果如图 3-224 所示，用上述方法复制并修改多个文字，效果如图 3-225 所示。

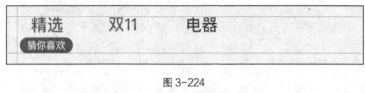

图 3-224

图 3-225

（8）选择"横排文字"工具 T,，在适当的位置输入需要的文字并选取文字。在"字符"面板中将"颜色"选项设为嫩灰色（153、153、153），其他选项的设置如图 3-226 所示。按 Enter 键确定操作，效果如图 3-227 所示，在"图层"控制面板中生成新的文字图层。

图 3-226

图 3-227

（9）选择"移动"工具 ⊕,，选取需要的文字。在按住 Alt+Shift 组合键的同时，将文字水平向右复制到适当的位置。选择"横排文字"工具 T,，选取文字并修改文字，效果如图 3-228 所示。用上述方法复制并修改多个文字，效果如图 3-229 所示。

图 3-228

图 3-229

（10）选择"直线"工具 ／,，在属性栏中将"填充"颜色设为浅灰（198、198、198），"描边"颜色设为无，"粗细"选项设为 2 像素。在按住 Shift 键的同时，在适当的位置绘制一条直线，在"图层"控制面板中生成新的形状图层"形状 1",效果如图 3-230 所示。

（11）选择"移动"工具 ⊕，选取需要的图形。在按住 Shift+Alt 组合键的同时，将图形水平向右移动到适当的位置，效果如图 3-231 所示。用相同的方法复制多个图形，效果如图 3-232 所示。

图 3-230

图 3-231

图 3-232

（12）在按住 Shift 键的同时，在"图层"控制面板中单击"猜你喜欢"文字图层和"精选"文字图层，将需要的图层同时选取，如图 3-233 所示。按 Ctrl+G 组合键群组图层，并将其命名为"分段控件"，如图 3-234 所示。

图 3-233

图 3-234

（13）按 Ctrl+S 组合键，弹出"另存为"对话框，将其命名为"电商类 App 分段"，保存为 PSD格式。单击"保存"按钮，弹出"Photoshop 格式选项"对话框，单击"确定"按钮，将文件保存。电商类 App 的分段制作完成，效果如图 3-235 所示。

图 3-235

### 3.3.12　滑块

滑块（Slide）是具有水平轴、通过手指滑动的交互控件，用户可以用手指将滑块在最小值和最大值之间移动，来调整屏幕亮度级别或媒体播放期间的位置等，如图 3-236 所示。当滑块的值改变时，最小值和手指之间的轨迹部分用颜色填充。滑块可以选择性地显示左、右图标，说明最小值和最大值的含义。

图 3-236

### 3.3.13　步进器

步进器（Stepper）是用于增加或减少增量值的两段控制。默认情况下，步进器的一段显示加号，另一段显示减号，如图 3-237 所示。如有需要，设计师可以用自定义图像替换这些符号。

图 3-237

### 3.3.14　课堂案例——制作电商类 App 的步进器

 **案例学习目标**

学习使用 Photoshop 制作电商类 App 的步进器。

 **案例知识要点**

制作电商类
App 的步进器

使用"圆角矩形"工具和"矩形"工具绘制形状，使用"横排文字"工具输入文字。最终效果如图 3-238 所示。

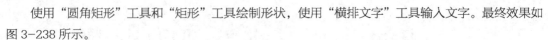 **效果所在位置**

云盘/Ch03/效果/制作电商类 App 步进器.psd。

图 3-238

（1）启动 Photoshop CC，按 Ctrl+N 组合键，弹出"新建文档"对话框，将宽度设为 264 像素，高度设为 96 像素，分辨率设为 72 像素/英寸，背景内容设为白色，如图 3-239 所示。单击"创建"按钮，完成新建文档。

图 3-239

（2）选择"圆角矩形"工具 ▢，在属性栏的"选择工具模式"选项中选择"形状"，将"填充"颜色设为玛瑙灰（233、236、237），"描边"颜色设为无。在图像窗口中适当的位置绘制圆角矩形，在"图层"控制面板中生成新的形状图层"圆角矩形 1"。选择"窗口>属性"命令，弹出"属性"面板，设置如图 3-240 所示。按 Enter 键确定操作，效果如图 3-241 所示。

（3）选择"矩形"工具 ▢，在属性栏的"选择工具模式"选项中选择"形状"，将"填充"颜色设为玛瑙灰（233、236、237），"描边"颜色设为无。在图像窗口中适当的位置绘制矩形，在"图层"控制面板中生成新的形状图层"矩形 1"，在"属性"面板中进行设置，如图 3-242 所示。按 Enter 键确定操作，效果如图 3-243 所示。用上述方法再次绘制形状，在"属性"面板中进行设置，如

图 3-244 所示，效果如图 3-245 所示。

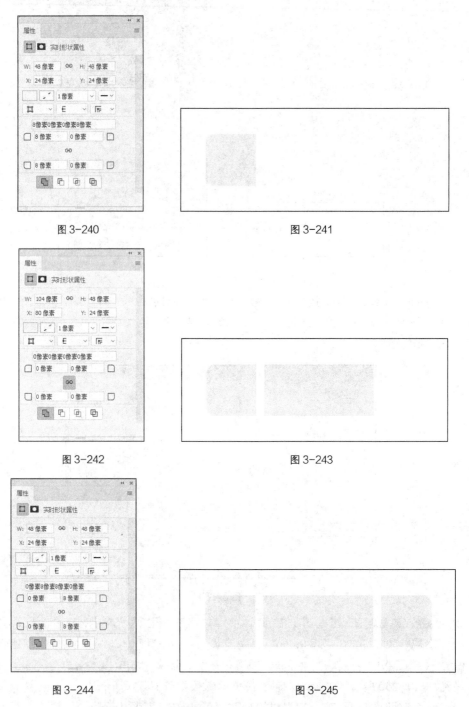

图 3-240

图 3-241

图 3-242

图 3-243

图 3-244

图 3-245

（4）在"图层"控制面板中选取"圆角矩形 1"图层。选择"矩形"工具 □，在属性栏的"选择工具模式"选项中选择"形状"，将"填充"颜色设为铅灰（208、199、190），"描边"颜色设为无。在图像窗口中适当的位置绘制矩形，在"属性"面板中进行设置，如图 3-246 所示，效果如图 3-247 所示。

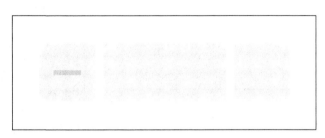

图 3-246                             图 3-247

（5）在"图层"控制面板中选取"矩形 1"图层。选择"横排文字"工具 T，在适当的位置分别输入需要的文字并选取文字。在"字符"面板中，将"颜色"选项设为长石灰（54、52、51），其他选项的设置如图 3-248 所示。按 Enter 键确定操作，效果如图 3-249 所示，在"图层"控制面板中生成新的文字图层。

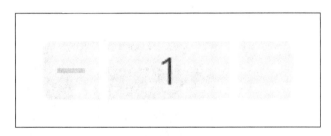

图 3-248                             图 3-249

（6）在"图层"控制面板中选取"圆角矩形 2"图层。选择"矩形"工具 □，在属性栏的"选择工具模式"选项中选择"形状"，将"填充"颜色设为长石灰（54、52、51），"描边"颜色设为无。在图像窗口中适当的位置绘制矩形，在"属性"面板中进行设置，如图 3-250 所示，效果如图 3-251所示。用上述方法再次绘制形状，效果如图 3-252 所示。

图 3-250                             图 3-251

（7）在按住 Shift 键的同时，在"图层"控制面板中单击"圆角矩形 1"图层和"矩形 4"图层，将需要的图层同时选取，如图 3-253 所示。按 Ctrl+G 组合键群组图层，并将其命名为"步进器"，如图 3-254 所示。

图 3-252            图 3-253            图 3-254

（8）按 Ctrl+S 组合键，弹出"另存为"对话框，将其命名为"电商类 App 步进器"，保存为 PSD 格式。单击"保存"按钮，弹出"Photoshop 格式选项"对话框，单击"确定"按钮，将文件保存。电商类 App 的步进器制作完成。

### 3.3.15 开关

开关（Switch）允许用户切换"打开"和"关闭"两种相互排斥的状态，如图 3-255 所示。

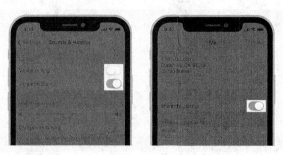

图 3-255

### 3.3.16 文本框

文本框（Text Field）是单行，有固定高度，通常带有圆角，当用户单击它时会自动调出键盘。使用文本框可获得少量信息，如联系人姓名等，如图 3-256 所示。

图 3-256

### 3.3.17 课堂案例——制作电商类 App 的开关及文本框

**案例学习目标**

学习使用 Photoshop 制作电商类 App 的开关及文本框。

制作电商类 App 的开关及文本框

## 案例知识要点

使用"横排文字"工具输入文字,使用"置入嵌入对象"命令置入图标,使用"直线"工具和"圆角矩形"工具绘制形状,使用"图层"控制面板调整图层不透明度。最终效果如图 3-257 所示。

## 效果所在位置

云盘/Ch03/效果/制作电商类 App 开关及文本框.psd。

(1)启动 Photoshop CC,按 Ctrl+N 组合键,弹出"新建文档"对话框,将宽度设为 750 像素,高度设为 432 像素,分辨率设为 72 像素/英寸,背景内容设为白色,如图 3-258 所示。单击"创建"按钮,完成新建文档。

图 3-257                                    图 3-258

(2)选择"视图>新建参考线版面"命令,弹出"新建参考线版面"对话框,设置如图 3-259 所示。单击"确定"按钮,完成参考线的创建,效果如图 3-260 所示。

图 3-259

图 3-260

(3)选择"横排文字"工具 T,,在适当的位置输入需要的文字并选取文字,选择"窗口>字符"命令,弹出"字符"面板,将"颜色"选项设为嫩灰色(153、153、153),其他选项的设置如图 3-261 所示。按 Enter 键确定操作,效果如图 3-262 所示,在"图层"控制面板中生成新的文字图层。

图 3-261　　　　　　　　　　　　　　图 3-262

（4）选择"文件>置入嵌入对象"命令，弹出"置入嵌入的对象"对话框。选择云盘中的"Ch03>素材>制作电商类 App 开关及文本框> 01"文件，单击"置入"按钮，将图标置入到图像窗口中。将其拖曳到适当的位置并调整其大小，按 Enter 键确定操作，在"图层"控制面板中生成新的图层并将其命名为"用户"。在"属性"面板中进行设置，如图 3-263 所示。按 Enter 键确定操作，效果如图 3-264 所示。

图 3-263　　　　　　　　　　　　　　图 3-264

（5）选择"直线"工具 ，在属性栏中将"填充"颜色设为中灰（125、125、125），"描边"颜色设为无，"粗细"选项设为 1 像素。在按住 Shift 键的同时，在适当的位置绘制一条直线，在"图层"控制面板中生成新的形状图层"形状 1"，效果如图 3-265 所示。

图 3-265

（6）选择"横排文字"工具 ，在适当的位置输入需要的文字并选取文字，选择"窗口>字符"命令，弹出"字符"面板，将"颜色"选项设为长石灰（54、52、51），其他选项的设置如图 3-266 所示。按 Enter 键确定操作，效果如图 3-267 所示，在"图层"控制面板中生成新的文字图层。

图 3-266　　　　　　　　　　　　　　图 3-267

（7）在按住 Shift 键的同时，在"图层"控制面板中单击"用户名"文字图层和"188****6688"文字图层，将需要的图层同时选取，如图 3-268 所示。按 Ctrl+G 组合键，群组图层并将其命名为"用户名"，如图 3-269 所示。

（8）将"用户名"图层组拖曳到"图层"控制面板下方的"创建新图层"按钮 🔲 上进行复制，生成新的图层组并将其命名为"密码"。选择"移动"工具 ✛.，选取图形，在按住 Shift 键的同时将图层垂直向下拖曳到适当的位置。在"图层"控制面板中设置图层组的"不透明度"选项为 50%，如图 3-270 所示，效果如图 3-271 所示。

图 3-268                 图 3-269                 图 3-270

（9）展开"密码"图层组，选中"用户名"文字图层和"用户"图层，按 Delete 键删除图层。选择"横排文字"工具 T.，选取文字并修改文字，将其拖曳到适当的位置。在"字符"面板进行设置，如图 3-272 所示，效果如图 3-273 所示。

图 3-271                 图 3-272                 图 3-273

（10）选择"文件>置入嵌入对象"命令，弹出"置入嵌入的对象"对话框。选择云盘中的"Ch03>素材>制作电商类 App 开关及文本框> 02"文件，单击"置入"按钮，将图标置入到图像窗口中。将其拖曳到适当的位置并调整其大小，按 Enter 键确定操作，在"图层"控制面板中生成新的图层并将其命名为"用户"。在"属性"面板中进行设置，如图 3-274 所示。按 Enter 键确定操作，效果如图 3-275 所示。选择云盘中的"Ch03>素材>制作电商类 App 开关及文本框>03"文件，用相同的方法置入需要的图标，并调整其位置和大小。按 Enter 键确定操作，在"图层"控制面板中生成新的图层，将其命名为"显示"，效果如图 3-276 所示。

（11）在"图层"控制面板中选择"密码"图层组。选择"横排文字"工具 T.，在适当的位置输入需要的文字并选取文字，在"属性"面板中将"颜色"选项设为嫩灰色（153、153、153），其他选项的设置如图 3-277 所示。按 Enter 键确定操作，效果如图 3-278 所示，在"图层"控制面板中生成新的文字图层。

图 3-274　　　　　　　　图 3-275　　　　　　　　图 3-276

（12）选择"圆角矩形"工具 ◻ ，在属性栏的"选择工具模式"选项中选择"形状"，将"填充"颜色设为玛瑙灰（233、236、237），"描边"颜色设为无。在图像窗口中适当的位置绘制圆角矩形，在"图层"控制面板中生成新的形状图层"圆角矩形 1"。在"属性"面板中进行设置，如图 3-279所示。按 Enter 键确定操作，效果如图 3-280 所示。

图 3-277　　　　　　　　图 3-278　　　　　　　　图 3-279

（13）用相同的方法再次绘制圆角矩形，将填充色设为白色，其他选项的设置如图 3-281 所示，效果如图 3-282 所示。在按住 Shift 键的同时，在"图层"控制面板中单击"用户名"图层组和"圆角矩形 2"图层，将需要的图层组同时选取。按 Ctrl+G 组合键，群组图层并将其命名为"文本框控件"。

图 3-280　　　　　　　　图 3-281　　　　　　　　图 3-282

（14）按 Ctrl+S 组合键，弹出"另存为"对话框，将其命名为"电商类 App 开关及文本框"，保存为 PSD 格式。单击"保存"按钮，弹出"Photoshop 格式选项"对话框，单击"确定"按钮，将文件保存。电商类 App 的开关及文本框制作完成。

## 3.4 课堂练习——制作电商类 App 的登录页

### 练习知识要点

使用"移动"工具移动素材，使用"横排文字"工具输入文字，使用"直线"工具、"圆角矩形"工具绘制基本形状。最终效果如图 3-283 所示。

### 效果所在位置

云盘/Ch03/效果/制作电商类 App 登录页.psd。

制作电商类
App 的登录页

图 3-283

## 3.5 课后习题——制作电商类 App 的详情页

### 习题知识要点

使用"移动"工具移动素材，使用"横排文字"工具输入文字，使用"椭圆"工具、"矩形"工具、"直线"工具绘制基本形状，使用"创建剪贴蒙版"命令调整图片显示区域，使用"渐变叠加"命令添加效果。最终效果如图 3-284 所示。

 **效果所在位置**

云盘/Ch03/效果/制作电商类 App 详情页.psd。

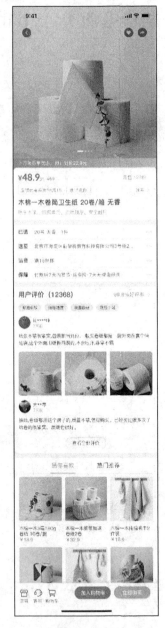

图 3-284

制作电商类
App 的详情页

# 04

# 第 4 章
# Android 界面设计

## 本章介绍

  Android 界面设计是移动 UI 设计的重要组成部分，它直接影响着 Android 系统用户使用 App 的体验。本章对 Android 界面中的栏和组件的制作进行系统讲解与演练。通过本章的学习，读者可以对 Android 界面设计有一个基本的认识，并快速掌握设计 Android 界面的规范和方法。

## 学习目标

- 了解 Android 界面设计中"栏"的概念
- 了解 Android 界面设计中"组件"的概念

## 技术目标

- 掌握家具类 App 顶部应用栏的制作方法
- 掌握家具类 App 横幅的制作方法
- 掌握家具类 App 底部导航的制作方法
- 掌握家具类 App 按钮的制作方法
- 掌握家具类 App 悬浮动作按钮的制作方法
- 掌握家具类 App 卡片的制作方法
- 掌握家具类 App 分隔线的制作方法
- 掌握家具类 App 选择控件的制作方法
- 掌握家具类 App 文本框的制作方法
- 掌握家具类 App 个人中心页的制作方法
- 掌握家具类 App 购物车页的制作方法

# 4.1 栏

栏作为 Android 界面的组成元素，可以帮助用户梳理 Android 界面层级。Android 界面中的栏主要分为状态栏和导航栏。

## 4.1.1 状态栏

状态栏（Status Bar）位于手机界面的顶部，高度是 24dip。在 Android 界面中，状态栏显示通知图标和系统图标，如图 4-1 所示。

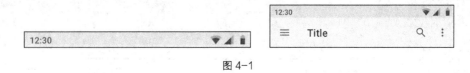

图 4-1

## 4.1.2 系统导航栏

系统导航栏（Android Navigation Bar）位于 Android 界面的底部，导航控件由"返回""主界面""最近任务"按钮组成，如图 4-2 所示。

图 4-2

# 4.2 组件

Android 系统下的 Material 拥有一整套组件，其中包括应用栏、悬浮动作按钮、卡片等。学习组件能够帮助设计师快速掌握 Android 界面设计技巧及 Material Design 语言使用方法。

## 4.2.1 底部应用栏

底部应用栏（Bottom Application Bar）用于显示 Android 界面底部的导航抽屉和按键操作，如图 4-3 所示。

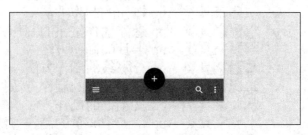

图 4-3

### 1. 用法

底部应用栏上的图标应为 2~5 个，如图 4-4（a）所示；不应该用于底部带有导航栏的应用及没有或只有 1 个图标的应用栏，如图 4-4（b）所示。

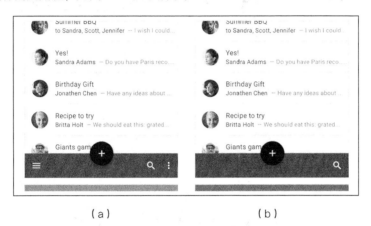

（a）　　　　　　　　　　　（b）

图 4-4

底部应用栏共有以悬浮动作按钮为中心、悬浮动作按钮侧对齐及没有悬浮动作按钮 3 种布局。

（1）以悬浮动作按钮为中心

这种布局下，悬浮动作按钮可以和底部应用栏重叠或直接插入底部应用栏，如图 4-5 所示。

图 4-5

（2）悬浮动作按钮侧对齐

当有 3~4 个附加操作按钮时，悬浮动作按钮可以放到侧边，如图 4-6 所示。

（3）没有悬浮动作按钮

当没有悬浮动作按钮时，底部应用栏可以容纳导航菜单图标，并且最多可以在相对边缘上对齐 4 个图标，如图 4-7 所示。

图 4-6　　　　　　　　　　　　　　　　图 4-7

在横屏状态下，应用栏应随即切换方向和状态，贴合当下界面底部，便于手持访问，如图 4-8 所示。

图 4-8

### 2. 组成

底部应用栏由容器、导航抽屉控制、悬浮动作按钮、动作图标和"更多"菜单控件组成，如图 4-9 所示。

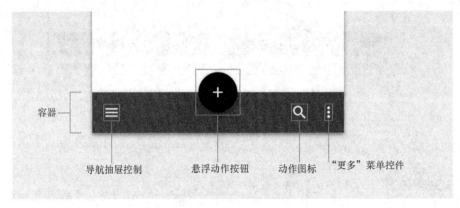

图 4-9

### 3. 尺寸

底部应用栏的层级分别为容器（0 dp）、底部信息栏（6 dp）、底部应用栏（8 dp）、悬浮动作按钮（12 dp）和页卡（16 dp），如图 4-10 所示。

图 4-10

底部应用栏的设计尺寸如图 4-11 所示。

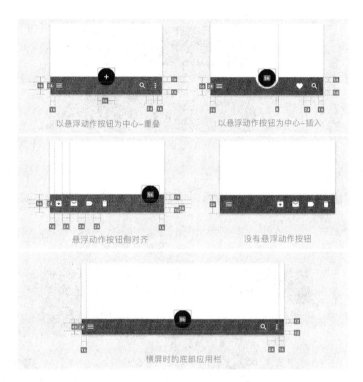

图 4-11

## 4.2.2 顶部应用栏

顶部应用栏（Top Application Bar）用于顶显示与当前屏幕相关的信息和操作，如图 4-12 所示。

图 4-12

### 1. 用法

（1）顶部应用栏

顶部应用栏通常用于品牌、屏幕标题、导航名称的展示和相关命令的操作，如图 4-13 所示。

图 4-13

（2）上下文操作栏

顶部应用栏可以转换为上下文操作栏，如图 4-14 所示。

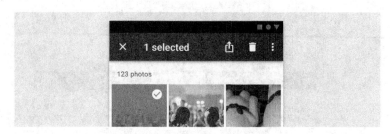

图 4-14

（3）突出顶部应用栏

顶部应用栏可通过改变高度以凸显标题、容纳图像，同时这么做也可以在视觉上更加突出顶部应用栏，如图 4-15 所示。

图 4-15

**2. 组成**

顶部应用栏由顶部应用栏容器、抽屉式导航图标（可选）、标题（可选）、系统图标（可选）和"更多"按钮（可选）组成，如图 4-16 所示。

图 4-16

**3. 尺寸**

顶部应用栏的设计尺寸如图 4-17 所示。

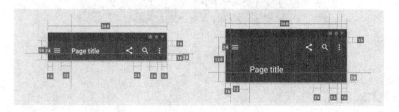

图 4-17

### 4.2.3 课堂案例——制作家具类 App 的顶部应用栏

 **案例学习目标**

学习使用 Photoshop 制作家具类 App 的顶部应用栏。

 **案例知识要点**

使用"横排文字"工具输入文字,使用"置入嵌入对象"命令置入图标,使用"椭圆"工具绘制形状。最终效果如图 4-18 所示。

 **效果所在位置**

云盘/Ch04/效果/制作家具类 App 顶部应用栏.psd。

制作家具类
App 的顶部应用栏

图 4-18

(1)启动 Photoshop CC,按 Ctrl+N 组合键,弹出"新建文档"对话框,将宽度设为 1 080 像素,高度设为 168 像素,分辨率设为 72 像素/英寸,背景内容设为铅灰(208、199、190),如图 4-19 所示。单击"创建"按钮,完成新建文档。

图 4-19

(2)选择"视图>新建参考线版面"命令,弹出"新建参考线版面"对话框,设置如图 4-20 所示。单击"确定"按钮,完成参考线的创建,效果如图 4-21 所示。

(3)选择"横排文字"工具 T.,在适当的位置输入需要的文字并选取文字,选择"窗口>字符"命令,弹出"字符"面板,将"颜色"设置为白色,其他选项的设置如图 4-22 所示。按 Enter 键确定操作,效果如图 4-23 所示,在"图层"控制面板中生成新的文字图层。

(4)选择"文件>置入嵌入对象"命令,弹出"置入嵌入的对象"对话框。选择云盘中的"Ch04>素材>制作家具类 App 顶部应用栏> 01"文件,单击"置入"按钮,将图像置入到图像窗口中。将其拖曳到适当的位置，按 Enter 键确定操作，在"图层"控制面板中生成新的图层并将其命名为"垂直矩形网格系统"。在"属性"面板中进行设置，如图 4-24 所示。按 Enter 键确定操作，效果如图 4-25 所示。

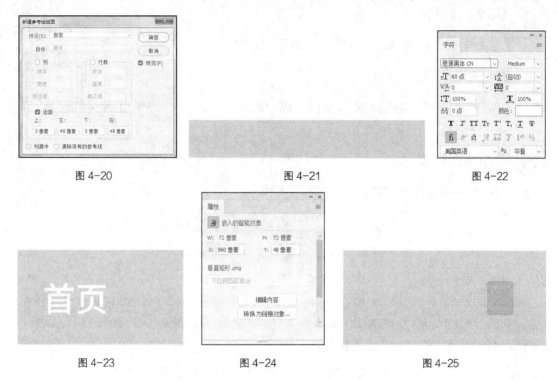

图 4-20          图 4-21          图 4-22

图 4-23          图 4-24          图 4-25

（5）选择"文件>置入嵌入对象"命令，弹出"置入嵌入的对象"对话框。选择云盘中的"Ch04>素材>制作家具类 App 顶部应用栏> 02"文件，单击"置入"按钮，将图标置入到图像窗口中。将其拖曳到适当的位置并调整其大小，按 Enter 键确定操作，在"图层"控制面板中生成新的图层并将其命名为"更多"。在"属性"面板中进行设置，如图 4-26 所示。按 Enter 键确定操作，将图标置于图标盒子中，效果如图 4-27 所示。

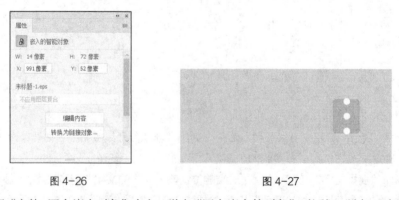

图 4-26          图 4-27

（6）选择"文件>置入嵌入对象"命令，弹出"置入嵌入的对象"对话框。选择云盘中的"Ch04>素材>制作家具类 App 顶部应用栏> 03"文件，单击"置入"按钮，将图像置入到图像窗口中。将其拖曳到适当的位置，按 Enter 键确定操作，效果如图 4-28 所示，在"图层"控制面板中生成新的图层并将其命名为"方形网格系统"。在"属性"面板中进行设置，如图 4-29 所示。按 Enter 键确定操作，效果如图 4-30 所示。

图 4-28            图 4-29            图 4-30

（7）选择"文件>置入嵌入对象"命令，弹出"置入嵌入的对象"对话框。选择云盘中的"Ch04>素材>制作家具类 App 顶部应用栏> 04"文件，单击"置入"按钮，将图标置入到图像窗口中。将其拖曳到适当的位置并调整其大小，按 Enter 键确定操作，在"图层"控制面板中生成新的图层并将其命名为"扫码"。在"属性"面板中进行设置，如图 4-31 所示。按 Enter 键确定操作，将图标置于图标盒子中，效果如图 4-32 所示。

（8）使用相同的方法，分别置入"01"和"05"文件，将其拖曳到适当的位置并调整大小。按 Enter 键确定操作，效果如图 4-33 所示，在"图层"控制面板中分别生成新的图层并将其命名为"垂直矩形网格系统"和"消息"，如图 4-34 所示。依次单击"垂直矩形网格系统""方形网格系统"和"垂直矩形网格系统"图层左侧的眼睛图标 ◉，隐藏图层，如图 4-35 所示，效果如图 4-36 所示。

图 4-31            图 4-32            图 4-33

图 4-34            图 4-35            图 4-36

（9）选择"椭圆"工具 ◯ ，在属性栏的"选择工具模式"选项中选择"形状"，将"填充"颜色设为鹅血石红（183、71、56），"描边"颜色设为无。在按住 Shift 键的同时在图像窗口中适当的位置绘制圆形，在"图层"控制面板中生成新的形状图层"椭圆 1"。选择"窗口>属性"命令，弹出"属性"面板，在面板中进行设置，如图 4-37 所示。按 Enter 键确定操作，效果如图 4-38 所示。

（10）在按住 Shift 键的同时，在"图层"控制面板中单击"椭圆 1"图层和"首页"图层，将需要的图层同时选取。按 Ctrl+G 组合键，群组图层并将其命名为"顶部应用栏"。按"Ctrl+;"组合键隐藏参考线，效果如图 4-39 所示。

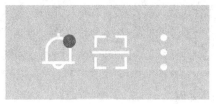

图 4-37           图 4-38

图 4-39

（11）按 Ctrl+S 组合键，弹出"另存为"对话框，将其命名为"家具类 App 顶部应用栏"，保存为 PSD 格式。单击"保存"按钮，弹出"Photoshop 格式选项"对话框，单击"确定"按钮，将文件保存。家具类 App 的顶部应用栏制作完成。

### 4.2.4 背板

应用程序的每个操作，都会出现一个背板（Backdrop），显示相关信息和可操作的内容，如图 4-40 所示。

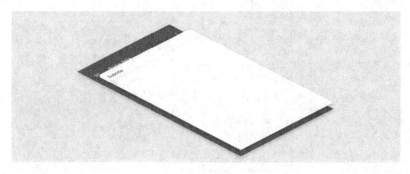

图 4-40

### 1. 用法

背板有后层和前层两个层，如图 4-41 所示。

图 4-41

后层被隐藏时，可以提供前层的相关信息，如图 4-42（a）所示。后层未被隐藏时，会显示与前层相关的控件，如图 4-42（b）所示。

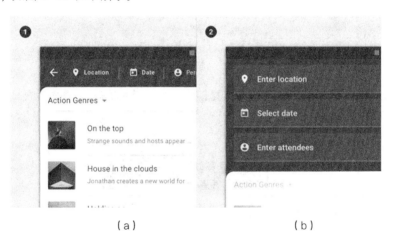

（a）　　　　　　　　　　　　　（b）

图 4-42

### 2. 组成

背板由后层、前层及副标题（可选）组成，如图 4-43 所示。

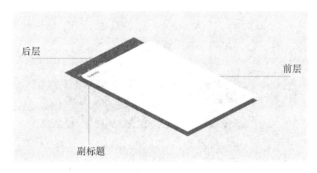

图 4-43

### 3. 尺寸

背板的设计尺寸如图 4-44 所示。

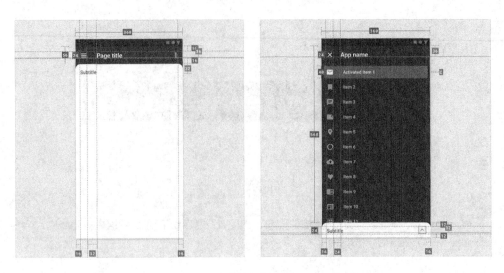

图 4-44

## 4.2.5　横幅

横幅（Banner）在这里不是指广告，而是顶部应用栏下面的第一个凸显区域，显示突出的消息和相关的可选操作，如图 4-45 所示。

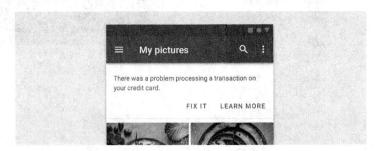

图 4-45

### 1.　用法

横幅显示重要、简洁的消息，一次只能显示一个横幅。滚动时，横幅通常随内容移动并滚动屏幕。横幅应显示在顶部应用栏的下方，如图 4-46 所示。

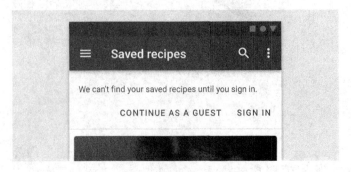

图 4-46

当搜索栏固定时，横幅会位于搜索栏下方，如图 4-47 所示。

当有底部导航时，横幅应位于屏幕顶部，如图 4-48 所示。

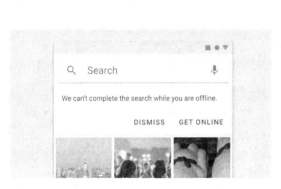

图 4-47                                              图 4-48

**2. 组成**

横幅由辅助图形（可选）、容器、文本和按钮组成，如图 4-49 所示。

图 4-49

**3. 尺寸**

横幅的设计尺寸如图 4-50 所示。

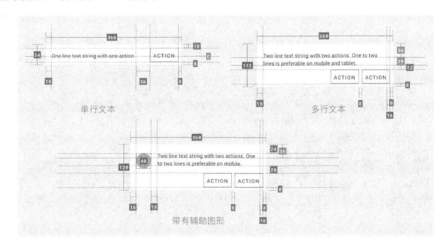

图 4-50

### 4.2.6 课堂案例——制作家具类 App 的横幅

**案例学习目标**

学习使用 Photoshop 制作家具类 App 的横幅。

**案例知识要点**

使用"横排文字"工具输入文字，使用"矩形"工具绘制形状。最终效果如图 4-51 所示。

制作家具类
App 的横幅

**效果所在位置**

云盘/Ch04/效果/制作家具类 App 横幅.psd。

（1）启动 Photoshop CC，按 Ctrl+N 组合键，弹出"新建文档"对话框，将宽度设为 1 080 像素，高度设为 480 像素，分辨率设为 72 像素/英寸，背景内容设为白色，如图 4-52 所示。单击"创建"按钮，完成新建文档。

图 4-51 图 4-52

（2）选择"横排文字"工具 T.，在适当的位置输入需要的文字并选取文字。在"字符"面板中，将"颜色"选项设为灰色（73、73、74），其他选项的设置如图 4-53 所示。按 Enter 键确定操作，效果如图 4-54 所示，在"图层"控制面板中生成新的文字图层。用相同的方法在适当的位置输入橙黄色（195、135、73）和灰色（73、73、74）文字，效果如图 4-55 所示。

图 4-53 图 4-54

图 4-55

（3）选择"矩形"工具 □，在属性栏中将"描边"颜色设为灰色（73、73、74），"粗细"选项设为 1 像素。在图像窗口中适当的位置绘制矩形，如图 4-56 所示，在"图层"控制面板中生成新的形状图层"矩形 1"。

（4）选择"横排文字"工具 T，在适当的位置输入需要的文字并选取文字，在"字符"面板中，将"颜色"选项设为灰色（73、73、74），其他选项的设置如图 4-57 所示。按 Enter 键确定操作，效果如图 4-58 所示，在"图层"控制面板中生成新的文字图层。

图 4-56

图 4-57

图 4-58

（5）按 Ctrl+O 组合键，打开云盘中的"Ch04 >素材>制作家具类 App 横幅> 01"文件，选择"移动"工具 ⊕，将图片拖曳到图像窗口中适当的位置并调整其大小，效果如图 4-59 所示，在"图层"控制面板中生成新的图层并将其命名为"椅子"。

图 4-59

（6）选择"矩形"工具 □，在属性栏中将"填充"颜色设为橙黄色（195、135、73），"描边"颜色设为无。在按住 Shift 键的同时，在图像窗口中适当的位置绘制矩形，如图 4-60 所示，在"图层"控制面板中生成新的形状图层"矩形 2"。

（7）选择"横排文字"工具 T.，在适当的位置输入需要的文字并选取文字，在"字符"面板中，将"颜色"选项设为白色，其他选项的设置如图 4-61 所示。按 Enter 键确定操作，效果如图 4-62 所示，在"图层"控制面板中生成新的文字图层。

图 4-60　　　　　　　　　　　图 4-61　　　　　　　　　　　图 4-62

（8）选择"横排文字"工具 T.，在适当的位置输入需要的文字并选取文字，在"字符"面板中，将"颜色"选项设为白色，其他选项的设置如图 4-63 所示，按 Enter 键确定操作。选择"¥"文字，在"字符"面板中进行设置，如图 4-64 所示。按 Enter 键确定操作，效果如图 4-65 所示，在"图层"控制面板中生成新的文字图层。

图 4-63　　　　　　　　　　　图 4-64　　　　　　　　　　　图 4-65

（9）在按住 Shift 键的同时，单击"¥660"文字图层和"客厅家具"文字图层，将需要的图层同时选取。按 Ctrl+G 组合键，群组图层并将其命名为"横幅"，如图 4-66 所示。家具类 App 的横幅制作完成，效果如图 4-67 所示。

图 4-66　　　　　　　　　　　　　　　　　图 4-67

（10）按 Ctrl+S 组合键，弹出"另存为"对话框，将其命名为"制作家具类 App 横幅"，保存为 PSD 格式。单击"保存"按钮，弹出"Photoshop 格式选项"对话框，单击"确定"按钮，将文件保存。家具类 App 的横幅制作完成。

### 4.2.7　底部导航

底部导航（Bottom Navigation）将底部宽度等分为多个图标的单击区域，每个区域都由一个图标和一个可选的文本标签表示，用于连接应用程序中的主要架构，如图 4-68 所示。

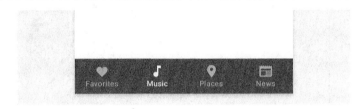

图 4-68

**1．用法**

底部导航上的单击区域应该分为 3～5 个，不应该少于 3 个或多于 5 个，图 4-69 所示为错误示例。

图 4-69

**2．组成**

底部导航由容器、未选中图标、未选中文本标签、选中图标及选中文本标签组成，如图 4-70 所示。

图 4-70

另外，底部导航图标的右上角可以包含角标。这些角标可以是动态信息，如待处理请求的数量等，如图 4-71 所示。

图 4-71

3. 尺寸

底部导航的设计尺寸如图 4-72 所示。

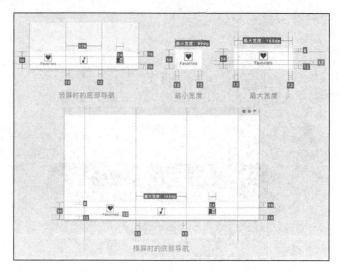

图 4-72

### 4.2.8　课堂案例——制作家具类 App 的底部导航

 **案例学习目标**

学习使用 Photoshop 制作家具类 App 的底部导航。

**案例知识要点**

使用"置入嵌入对象"命令置入图标，使用"椭圆"工具绘制形状，使用"横排文字"工具输入文字。最终效果如图 4-73 所示。

制作家具类
App 的底部导航

图 4-73

## ◎ 效果所在位置

云盘/Ch04/效果/制作家具类 App 底部导航.psd。

（1）启动 Photoshop CC，按 Ctrl+N 组合键，弹出"新建文档"对话框，将宽度设为 1 080 像素，高度设为 168 像素，分辨率设为 72 像素/英寸，背景内容设为白色，如图 4-74 所示。单击"创建"按钮，完成新建文档。

图 4-74

（2）选择"视图>新建参考线"命令，弹出"新建参考线"对话框，设置如图 4-75 所示。单击"确定"按钮，完成参考线的创建，效果如图 4-76 所示。

图 4-75                                              图 4-76

（3）选择"矩形"工具 □，在属性栏的"选择工具模式"选项中选择"形状"，将"填充"颜色设为黑色，"描边"颜色设为无。在图像窗口中适当的位置绘制矩形，效果如图 4-77 所示，在"图层"控制面板中生成新的形状图层"矩形 1"。选择"窗口>属性"命令，弹出"属性"面板，在面板中进行设置。在"W："选项中输入数值，如图 4-78 所示。按 Enter 键确定操作，效果如图 4-79 所示。

图 4-77                                              图 4-78

（4）选择"视图>对齐到>全部"命令。在图像窗口左侧标尺上单击并按住鼠标左键不放，水平向右拖曳鼠标，在矩形右侧锚点的位置松开鼠标，完成参考线的创建。效果如图 4-80 所示。再次拖曳鼠标，在矩形中心点的位置松开鼠标，完成参考线的创建，效果如图 4-81 所示。

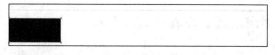

图 4-79

图 4-80　　　　　　　　　　　　　　　　　图 4-81

（5）选择"移动"工具 ⊕，在按住 Shift 键的同时，将矩形水平向右移动到适当的位置，使矩形左侧贴齐辅助线，如图 4-82 所示。使用上述方法，分别在位于矩形中心和矩形右侧的位置添加 2 条垂直辅助线，如图 4-83 所示。

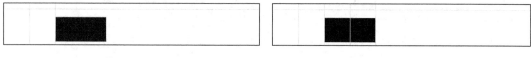

图 4-82　　　　　　　　　　　　　　　　　图 4-83

（6）使用相同的方法，分别添加 4 条垂直辅助线，如图 4-84 所示。在"图层"控制面板中选中"矩形 1"图层，按 Delete 键将其删除，效果如图 4-85 所示。

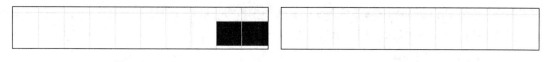

图 4-84　　　　　　　　　　　　　　　　　图 4-85

（7）选择"文件>置入嵌入对象"命令，弹出"置入嵌入的对象"对话框。选择云盘中的"Ch04>素材>制作家具类 App 底部导航> 01"文件，单击"置入"按钮，弹出"打开为智能对象"对话框，选择"页面 1"，如图 4-86 所示。单击"确定"按钮，将图标置入到图像窗口中。将其拖曳到适当的位置并调整大小，按 Enter 键确定操作，在"图层"控制面板中生成新的图层并将其命名为"首页（未选中）"。在"属性"面板中进行设置，如图 4-87 所示。按 Enter 键确定操作，效果如图 4-88 所示。

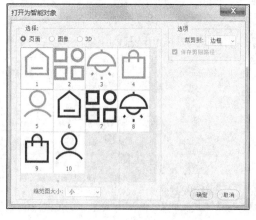

图 4-86

图 4-87

图 4-88

（8）选择"文件>置入嵌入对象"命令，弹出"置入嵌入的对象"对话框。选择云盘中的"Ch04>素材>制作家具类 App 底部导航>01"文件，单击"置入"按钮，弹出"打开为智能对象"对话框，选择"页面6"，如图 4-89 所示。单击"确定"按钮，将图标置入到图像窗口中，并调整为与"首页（未选中）"图标相同的位置与大小，在"图层"控制面板中生成新的图层并将其命名为"首页（已选中）"，如图 4-90 所示。

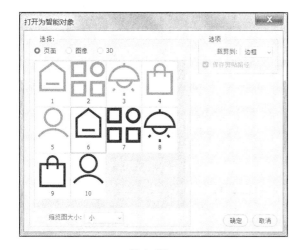

图 4-89                                          图 4-90

（9）单击"首页（未选中）"图层左侧的眼睛图标 👁 ，隐藏图层，如图 4-91 所示，效果如图 4-92 所示。

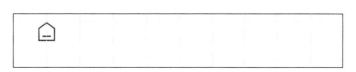

图 4-91                                          图 4-92

（10）使用相同的方法分别置入其他需要的图标并调整大小，在"属性"面板中分别设置图标位置，在"图层"控制面板中生成新的图层并分别将其命名，设置图标的显示与隐藏，如图 4-93 所示，效果如图 4-94 所示。

（11）选中"背景"图层。选择"横排文字"工具 T，在适当的位置输入需要的文字并选取文字，选择"窗口>字符"命令，弹出"字符"面板。将"颜色"选项设为长石灰（54、52、51），其他选项的设置如图 4-95 所示。按 Enter 键确定操作，效果如图 4-96 所示，在"图层"控制面板中生成新的文字图层。

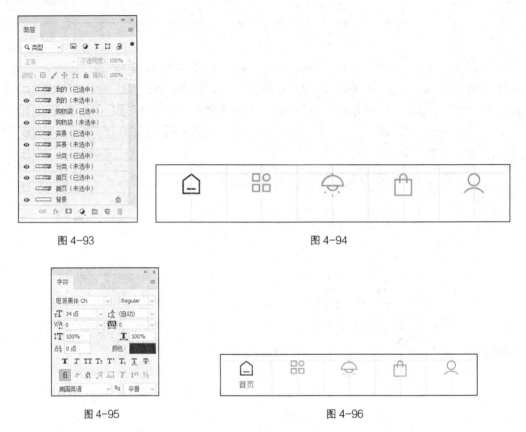

图 4-93                                          图 4-94

图 4-95                                          图 4-96

（12）使用相同的方法再次分别输入文字。在"字符"面板中，将"颜色"选项设为灰色（153、153、153），其他选项的设置如图 4-97 所示。按 Enter 键确定操作，效果如图 4-98 所示，在"图层"控制面板中分别生成新的文字图层。

图 4-97                                          图 4-98

（13）选中"购物袋（未选中）"图层。选择"椭圆"工具 ⬭ ，在属性栏的"选择工具模式"选项中选择"形状"，将"填充"颜色设为鹅血石红（183、71、56），"描边"颜色设为无。在按住 Shift 键的同时在图像窗口中适当的位置绘制圆形，在"图层"控制面板中生成新的形状图层"椭圆 1"。在"属性"面板中进行设置，如图 4-99 所示。按 Enter 键确定操作，效果如图 4-100 所示。

图 4-99 图 4-100

（14）选择"横排文字"工具 T.，在适当的位置输入需要的文字并选取文字，在"字符"面板中将"颜色"选项设为白色，其他选项的设置如图 4-101 所示。按 Enter 键确定操作，在"图层"控制面板中生成新的文字图层，效果如图 4-102 所示。

图 4-101 图 4-102

（15）在按住 Shift 键的同时，在"图层"控制面板中单击"首页"图层和"我的（已选中）"图层，将需要的图层同时选取，如图 4-103 所示。按 Ctrl+G 组合键，群组图层并将其命名为"底部导航组件"，如图 4-104 所示。按"Ctrl+;"组合键隐藏参考线，效果如图 4-105 所示。

图 4-103 图 4-104

图 4-105

（16）按 Ctrl+S 组合键，弹出"另存为"对话框，将其命名为"制作家具类 App 底部导航"，保存为 PSD 格式。单击"保存"按钮，弹出"Photoshop 格式选项"对话框，单击"确定"按钮，将文件保存。家具类 App 的底部导航制作完成。

### 4.2.9　按钮

按钮（Button）是通过用户点击即可进行反馈并执行的组件，如图 4-106 所示。

**1.　用法**

按钮有文本按钮、线性按钮、面性按钮及切换按钮 4 种类型，如图 4-107 所示。

图 4-106

图 4-107

（1）文本按钮

文本按钮通常用于不太重要的操作，常被放置于对话框和卡片中，如图 4-108 所示。

图 4-108

（2）线性按钮

线性按钮虽然包含重要的操作，但不是应用中的主要操作，如图 4-109 所示。

（3）面性按钮

面性按钮用于重要的操作，并通过高度和填充的设计有别于周围，如图 4-110 所示。

图 4-109                    图 4-110

在面性按钮中，可以在文本标签旁边放置图标，既能明确操作又能引起用户对按钮的注意，如图 4-111 所示。

（4）切换按钮

切换按钮可对相关选项进行分组。如果要凸显一组相关的切换按钮，这一组按钮应共享一个公共容器，如图 4-112 所示。

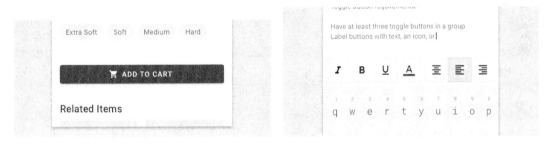

图 4-111                    图 4-112

**2．组成**

文本按钮由文本标签和图标（可选）组成，线性按钮由文本标签、容器及图标（可选）组成，面性按钮由文本标签、容器及图标（可选）组成，切换按钮由容器和图标组成，如图 4-113 所示。

图 4-113

**3．尺寸**

按钮的设计尺寸如图 4-114 所示。

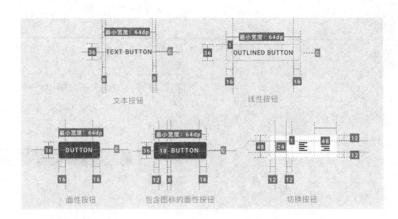

图 4-114

### 4.2.10 课堂案例——制作家具类 App 的按钮

#### 案例学习目标

学习使用 Photoshop 制作家具类 App 的按钮。

#### 案例知识要点

使用"圆角矩形"工具绘制形状，使用"横排文字"工具输入文字。最终效果如图 4-115 所示。

#### 效果所在位置

云盘/Ch04/效果/制作家具类 App 按钮.psd。

制作家具类
App 的按钮

图 4-115

（1）启动 Photoshop CC，按 Ctrl+N 组合键，弹出"新建文档"对话框，将宽度设为 680 像素，高度设为 144 像素，分辨率设为 72 像素/英寸，背景内容设为白色，如图 4-116 所示。单击"创建"

按钮，完成新建文档。

图 4-116

（2）选择"视图>新建参考线版面"命令，弹出"新建参考线版面"对话框，设置如图 4-117 所示。单击"确定"按钮，完成参考线版面的创建，效果如图 4-118 所示。

图 4-117　　　　　　　　　　　　　　　　图 4-118

（3）选择"圆角矩形"工具 ▢ ，在属性栏中将"填充"颜色设为鹅血石红（183、71、56），"描边"颜色设为无。在图像窗口中适当的位置绘制圆角矩形，在"属性"面板中进行设置，如图 4-119 所示，效果如图 4-120 所示。在"图层"控制面板中生成新的形状图层"圆角矩形 1"。

图 4-119　　　　　　　　　　　　图 4-120

（4）选择“横排文字”工具 T.，在适当的位置输入需要的文字并选取文字，在“字符”面板中，将“颜色”选项设为白色，其他选项的设置如图 4-121 所示。按 Enter 键确定操作，效果如图 4-122 所示，在“图层”控制面板中生成新的文字图层。

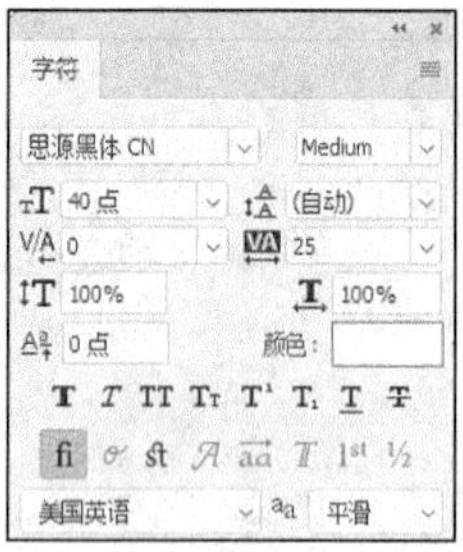


图 4-121

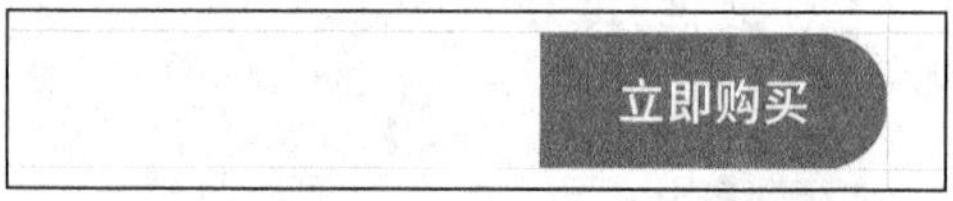


图 4-122

（5）选择“移动”工具 ✥.，在按住 Shift 键的同时，在页面中单击同时选取文字和图形。在按住 Alt+Shift 组合键的同时将其水平向右拖曳到适当的位置，复制文字和图形，效果如图 4-123 所示。在“图层”控制面板中生成新的形状图层“圆角矩形 1 拷贝”和文字图层“立即购买拷贝”，如图 4-124 所示。在“图层”控制面板中单击选取“圆角矩形 1 拷贝”图层，设置“不透明度”选项为 60%，如图 4-125 所示，效果如图 4-126 所示。

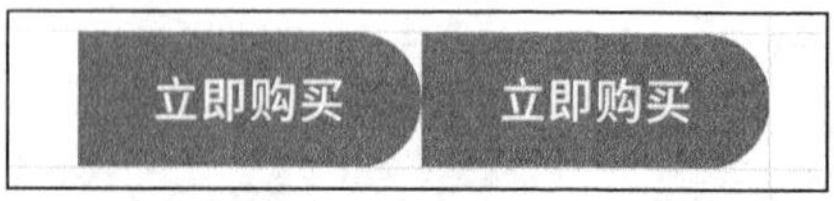


图 4-123

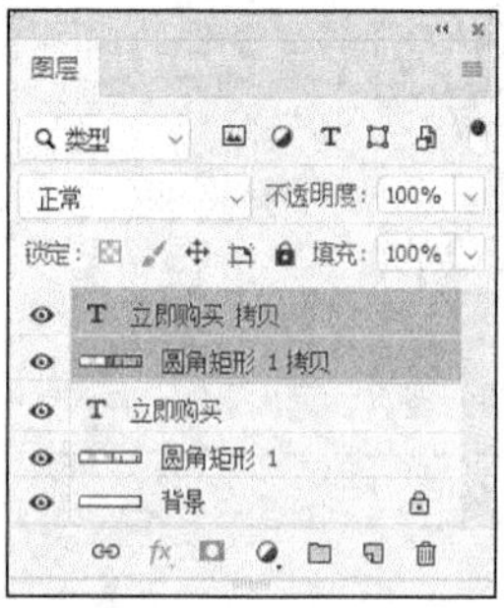


图 4-124

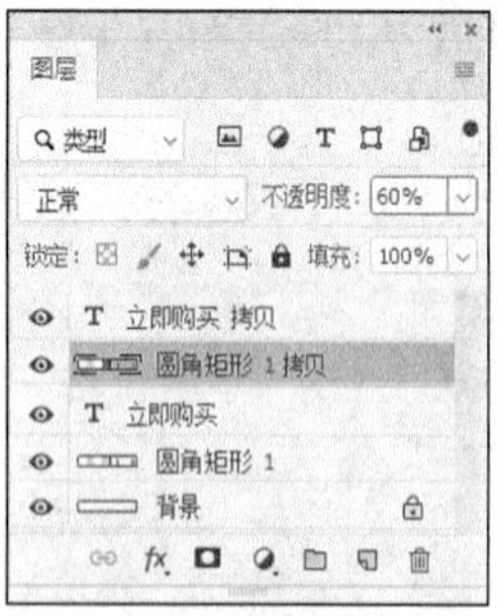


图 4-125

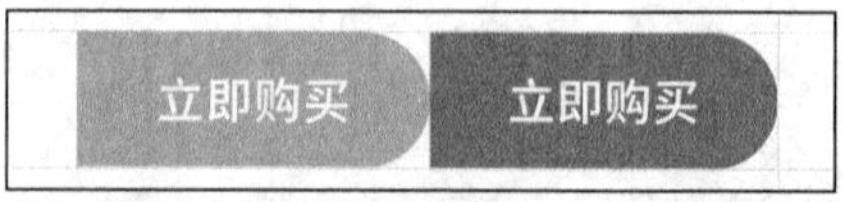


图 4-126

（6）选择“圆角矩形”工具 ▢.，在“属性”面板中进行设置，如图 4-127 所示，效果如图 4-128 所示。选择“横排文字”工具 T.，双击选取文字并输入需要的文字，按 Enter 键确定操作。选择“移动”工具 ✥.，将其拖曳到适当的位置，效果如图 4-129 所示。

图 4-127          图 4-128          图 4-129

（7）在按住 Shift 键的同时，在"图层"控制面板中单击"加入购物车"文字图层和"圆角矩形 1"图层，将需要的图层同时选取，如图 4-130 所示。按 Ctrl+G 组合键，群组图层并将其命名为"按钮组件"，如图 4-131 所示。按"Ctrl+;"组合键隐藏参考线，效果如图 4-132 所示。

图 4-130          图 4-131          图 4-132

（8）按 Ctrl+S 组合键，弹出"另存为"对话框，将其命名为"制作家具类 App 按钮"，保存为 PSD 格式。单击"保存"按钮，弹出"Photoshop 格式选项"对话框，单击"确定"按钮，将文件保存。家具类 App 的按钮制作完成。

### 4.2.11　悬浮动作按钮

悬浮动作按钮（Floating Action Button，FAB）用于执行屏幕上主要的和最常见的操作，如图 4-133 所示。

图 4-133

#### 1．用法

悬浮动作按钮出现在所有屏幕内容的前面，通常是一个圆形，中间有一个图标。悬浮动作按钮有常规型、迷你型和扩展型 3 种类型，如图 4-134 所示。

图 4-134

### 2. 组成

常规型和迷你型悬浮动作按钮由容器及图标组成，如图 4-135 所示。

扩展型悬浮动作按钮由容器、图标（可选）及文字标签组成，如图 4-136 所示。

图 4-135　　　　　　　　　　　　　　图 4-136

### 3. 尺寸

悬浮动作按钮的设计尺寸如图 4-137 所示。

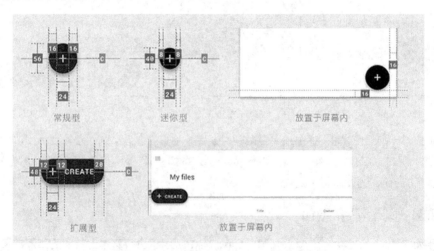

图 4-137

## 4.2.12　课堂案例——制作家具类 App 的悬浮动作按钮

### 案例学习目标

学习使用 Photoshop 制作家具类 App 的悬浮动作按钮。

制作家具类 App
的悬浮动作按钮

### 案例知识要点

使用"椭圆"工具绘制形状，使用"属性"面板制作弥散投影，使用"置入嵌入对象"命令置入图标，使用"横排文字"工具输入文字。最终效果如图 4-138 所示。

效果所在位置

云盘/Ch04/效果/制作家具类 App 悬浮动作按钮.psd。

图 4-138

（1）启动 Photoshop CC，按 Ctrl+N 组合键，弹出"新建文档"对话框，将宽度设为 192 像素，高度设为 192 像素，分辨率设为 72 像素/英寸，背景内容设为白色，如图 4-139 所示。单击"创建"按钮，完成新建文档。

图 4-139

（2）选择"椭圆"工具 ○,，在属性栏中将"填充"颜色设为白色，"描边"颜色设为无。在按住 Shift 键的同时，在图像窗口中适当的位置绘制一个圆形，在"属性"面板中进行设置，如图 4-140 所示，效果如图 4-141 所示。在"图层"控制面板中生成新的形状图层"椭圆 1"。

图 4-140                                        图 4-141

（3）按 Ctrl+J 组合键，复制图层，在"图层"控制面板中生成新的形状图层"椭圆 1 拷贝"。在属性栏中将"填充"颜色设为长石灰（54、52、51）。在"属性"面板中进行设置，如图 4-142 所示。按 Enter 键确定操作，效果如图 4-143 所示。在"属性"面板中单击"蒙版"按钮，设置如图 4-144 所示。按 Enter 键确定操作，效果如图 4-145 所示。

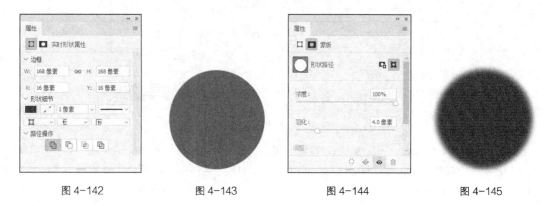

图 4-142        图 4-143        图 4-144        图 4-145

（4）在"图层"控制面板中将"椭圆 1 拷贝"图层的"不透明度"选项设为 20%，并将其拖曳到"椭圆 1"图层的下方，如图 4-146 所示，效果如图 4-147 所示。

（5）在"图层"控制面板中，选中"椭圆 1"图层。选择"文件>置入嵌入对象"命令，弹出"置入嵌入的对象"对话框。选择云盘中的"Ch04>素材>制作家具类 App 悬浮动作按钮> 01"文件，单击"置入"按钮，将图标置入到图像窗口中。将其拖曳到适当的位置并调整其大小，按 Enter 键确定操作，在"图层"控制面板中生成新的图层并将其命名为"顶部"。在"属性"面板中进行设置，如图 4-148 所示。按 Enter 键确定操作，效果如图 4-149 所示。

图 4-146        图 4-147        图 4-148        图 4-149

（6）选择"横排文字"工具 T ，在适当的位置输入需要的文字并选取文字，在"字符"面板中，将"颜色"设为黑色，其他选项的设置如图 4-150 所示。按 Enter 键确定操作，效果如图 4-151 所示，在"图层"控制面板中生成新的文字图层。

（7）在按住 Shift 键的同时，在"图层"控制面板中单击"顶部"文字图层和"椭圆 1 拷贝"图层，将需要的图层同时选取。按 Ctrl+G 组合键，群组图层并将其命名为"悬浮按钮"，如图 4-152 所示。

（8）按 Ctrl+S 组合键，弹出"另存为"对话框，将其命名为"制作家具类 App 悬浮动作按钮"，保存为 PSD 格式。单击"保存"按钮，弹出"Photoshop 格式选项"对话框，单击"确定"按钮，将文件保存。家具类 App 的悬浮动作按钮制作完成。

| 图 4-150 | 图 4-151 | 图 4-152 |

### 4.2.13　卡片

卡片（Card）是单个主题内容和操作的集合，如图 4-153 所示。

**1. 用法**

卡片应该易于扫描以获取相关和可操作的信息。文本和图像等元素应该以一种清楚地表示层次结构的方式放在卡面上面，如图 4-154 所示。

| 图 4-153 | 图 4-154 |

**2. 组成**

卡片由容器、缩略图（可选）、标题文字（可选）、子标题（可选）、媒体（可选）、辅助文字（可选）、按钮（可选）和图标（可选）组成，如图 4-155 所示。容器可以容纳所有卡元素，其尺寸由元素占据的空间决定。缩略图可以放置头像、图标及 LOGO。标题文字通常是卡片中最重要的标题。子标题通常是文章的署名或标记位置等信息。卡片可以包含各种媒体，包括照片和视频等。辅助文字通常是描述性文字。

图 4-155

另外，分隔线可用于分隔卡片中的区域或指示卡片中可以展开的区域，如图 4-156 所示。

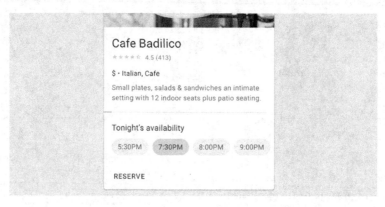

图 4-156

### 3. 尺寸

在移动设备上，卡片的默认高度为 1 dp，提升高度为 8 dp，如图 4-157 所示。

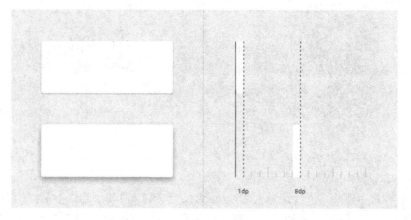

图 4-157

此外，卡片可以具有 0 dp 的静止高度，在悬停时升至 8 dp，如图 4-158 所示。

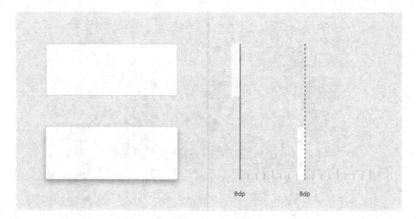

图 4-158

卡片并没有统一的布局，排版、图像大小、卡片的设计都应根据呈现内容的需求调整。常用卡片的布局及尺寸如图 4-159 所示。

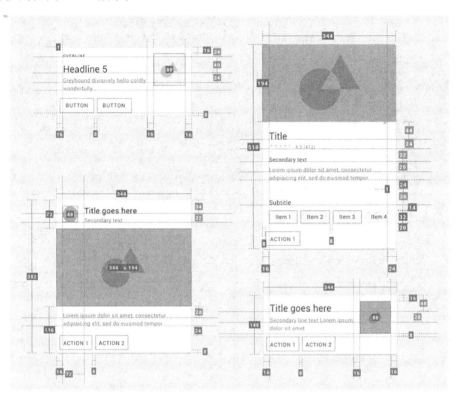

图 4-159

### 4.2.14 课堂案例——制作家具类 App 的卡片

 **案例学习目标**

学习使用 Photoshop 制作家具类 App 的卡片。

 **案例知识要点**

制作家具类
App 的卡片

使用"横排文字"工具输入文字，使用"圆角矩形"工具绘制形状，使用"属性"面板制作弥散投影，使用"置入嵌入对象"命令置入图标，使用"创建剪贴蒙版"命令调整图片显示区域，使用"渐变叠加"命令添加效果。最终效果如图 4-160 所示。

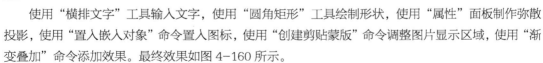 **效果所在位置**

云盘/Ch04/效果/制作家具类 App 卡片.psd。

（1）启动 Photoshop CC，按 Ctrl+N 组合键，弹出"新建文档"对话框，将宽度设为 1 080 像素，高度设为 864 像素，分辨率设为 72 像素/英寸，背景内容设为白色，如图 4-161 所示。单击"创建"按钮，完成新建文档。

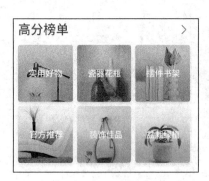

图 4-160                                              图 4-161

（2）选择"视图>新建参考线版面"命令，弹出"新建参考线版面"对话框，设置如图 4-162 所示。单击"确定"按钮，完成参考线的创建，效果如图 4-163 所示。

图 4-162                                              图 4-163

（3）选择"横排文字"工具 T.，在适当的位置输入需要的文字并选取文字，在"字符"面板中将"颜色"选项设为长石灰（54、52、51），其他选项的设置如图 4-164 所示。按 Enter 键确定操作，效果如图 4-165 所示，在"图层"控制面板中生成新的文字图层。

图 4-164                                              图 4-165

（4）选择"矩形"工具 □，在属性栏的"选择工具模式"选项中选择"形状"，将"填充"颜色设为黑色，"描边"颜色设为无。在图像窗口中适当的位置绘制矩形，在"属性"面板中进行设置，如图 4-166 所示。按 Enter 键确定操作，效果如图 4-167 所示。

图 4-166

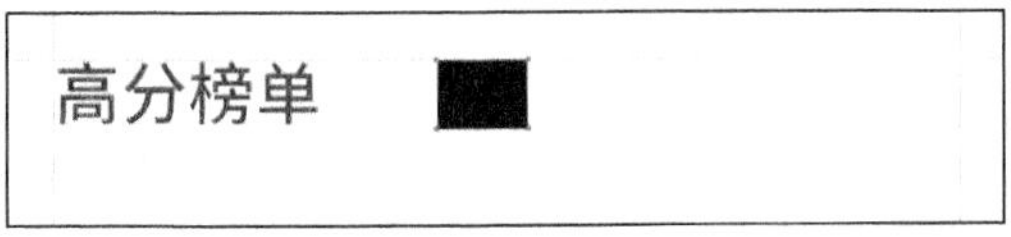

图 4-167

（5）在图像窗口上方标尺上单击并按住鼠标左键垂直向下拖曳鼠标，在矩形下方锚点的位置松开鼠标，完成参考线的创建，效果如图 4-168 所示。在"图层"控制面板中选中"矩形 1"图层，按 Delete 键将其删除，效果如图 4-169 所示。

图 4-168

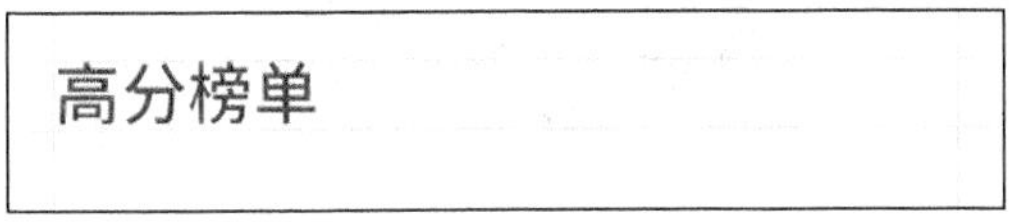

图 4-169

（6）选择"文件>置入嵌入对象"命令，弹出"置入嵌入的对象"对话框。选择云盘中的"Ch04>素材>制作家具类 App 卡片> 01"文件，单击"置入"按钮，将图标置入到图像窗口中。将其拖曳到适当的位置并调整其大小，按 Enter 键确定操作，在"图层"控制面板中生成新的图层并将其命名为"展开"。在"属性"面板中进行设置，如图 4-170 所示。按 Enter 键确定操作，效果如图 4-171 所示。

图 4-170

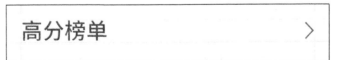

图 4-171

（7）选择"圆角矩形"工具 □，在属性栏中将"填充"颜色设为黑色，"描边"颜色设为无，"半径"选项为 12 像素。在按住 Shift 键的同时，在图像窗口中适当的位置绘制圆角矩形。在属性面板中进行设置，如图 4-172 所示，效果如图 4-173 所示。在"图层"控制面板中生成新的形状图层"圆角矩形 1"。

图 4-172

图 4-173

（8）选择"移动"工具 ，选取图形，在按住 Alt+Shift 组合键的同时将图形水平向右拖曳到适当的位置，复制图形，效果如图 4-174 所示。在"图层"控制面板中生成新的形状图层"圆角矩形 1 拷贝"。依次复制多个图形，效果如图 4-175 所示。

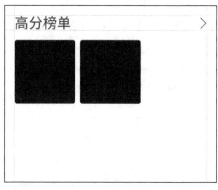

图 4-174

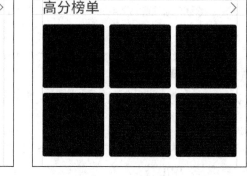

图 4-175

（9）在"图层"控制面板中选取"圆角矩形 1"图层，按 Ctrl+J 组合键，复制图层，在"图层"控制面板中生成新的形状图层"圆角矩形 1 拷贝 6"。单击图层左侧的眼睛图标 ，隐藏图层，并选中"圆角矩形 1"图层，如图 4-176 所示。

（10）选取"圆角矩形 1"图层。选择"文件>置入嵌入对象"命令，弹出"置入嵌入的对象"对话框。选择云盘中的"Ch04>素材>制作家具类 App 卡片> 02"文件，单击"置入"按钮，将图片置入到图像窗口中。将其拖曳到适当的位置并调整大小，按 Enter 键确定操作，在"图层"控制面板中生成新的图层并将其命名为"台灯"。按 Alt+Ctrl+G 组合键，为"台灯"图层创建剪贴蒙版，效果如图 4-177 所示。

（11）在"图层"控制面板中选中"圆角矩形 1 拷贝 6"图层，单击图层左侧的空白图标 ，显示图层。单击"图层"控制面板下方的"添加图层样式"按钮 ，在弹出的菜单中选择"渐变叠加"命令，在弹出的对话框中单击"渐变"选项右侧的"点按可编辑渐变"按钮 ，弹出"渐变编辑器"对话框。在"位置"选项中分别输入 0、100 两个位置点，分别设置两个位置点颜色的 RGB 值为 0（54、52、51）、100（255、255、255），不透明度为 0（30%）、100（0%）如图 4-178 所示。

单击"确定"按钮，返回到"渐变叠加"对话框，其他选项的设置如图 4-179 所示，单击"确定"按钮。设置"圆角矩形 1 拷贝 6"图层的"填充"选项为 0，如图 4-180 所示，效果如图 4-181 所示。

图 4-176

图 4-177

图 4-178

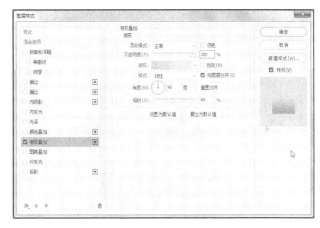

图 4-179

图 4-180

图 4-181

（12）选择"横排文字"工具 T，选项在适当的位置输入需要的文字并选取文字，选择"窗口>字符"命令，弹出"字符"面板，将"颜色"选项设为白色，其他选项的设置如图 4-182 所示。按 Enter 键确定操作，效果如图 4-183 所示，在"图层"控制面板中生成新的文字图层。

图 4-182

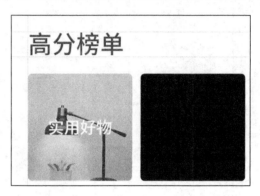

图 4-183

（13）用上述方法添加其他图片和文字，效果如图 4-184 所示。在按住 Shift 键的同时，在"图层"控制面板中单击"高分榜单"文字图层和"盆栽绿植"文字图层，将需要的图层同时选取。按 Ctrl+G 组合键，群组图层并将其命名为"卡片组件"。按"Ctrl+;"组合键隐藏参考线，效果如图 4-185 所示。

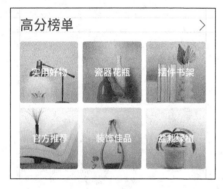

图 4-184

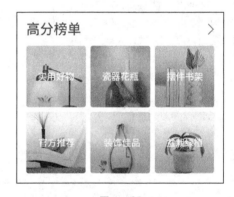

图 4-185

（14）按 Ctrl+S 组合键，弹出"另存为"对话框，将其命名为"制作家具类 App 卡片"，保存为 PSD 格式。单击"保存"按钮，弹出"Photoshop 格式选项"对话框，单击"确定"按钮，将文件保存。家具类 App 的卡片制作完成。

## 4.2.15　纸片

纸片（chip）是表示输入、属性或操作的紧凑元素，如电子邮件中添加收件人的操作中就用到了纸片，如图 4-186 所示。

### 1. 用法

纸片允许用户输入信息、进行选择、过滤内容及触发操作。

（1）输入纸片

输入纸片表示在字段中使用的信息，如图 4-187 所示。

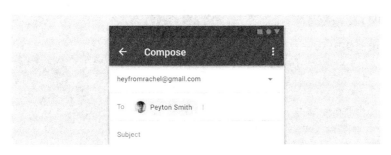

图 4-186

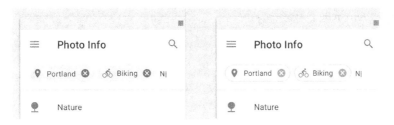

图 4-187

（2）选择纸片

选择纸片在包含至少两个选项的集合中，代表单个的选择，如图 4-188 所示。

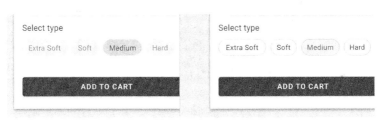

图 4-188

（3）过滤纸片

过滤纸片是一个集合的过滤器，如图 4-189 所示。

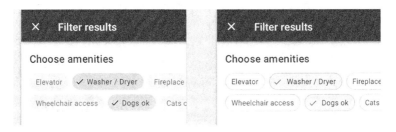

图 4-189

（4）动作纸片

动作纸片触发与主要内容相关的动作，如图 4-190 所示。

**2. 组成**

纸片由容器、缩略图（可选）、文字及删除图标（可选）组成，如图 4-191 所示。

图 4-190　　　　　　　　　　　　　　　　　　图 4-191

### 3. 尺寸

纸片的设计尺寸如图 4-192 所示。

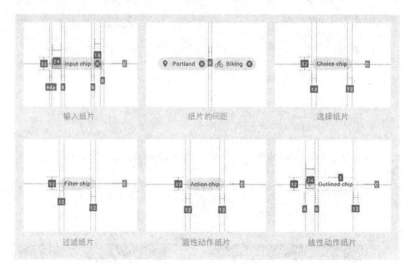

图 4-192

## 4.2.16　数据表

数据表（Data Table）用于显示数据集，如图 4-193 所示。

| Dessert (100g serving) | Calories | Fat (g) | Carbs (g) | Protein (g) |
|---|---|---|---|---|
| Frozen yogurt | 159 | 6.0 | 24 | 4.0 |
| Ice cream sandwich | 237 | 9.0 | 37 | 4.3 |
| Eclair | 262 | 16.0 | 24 | 6.0 |
| Cupcake | 305 | 3.7 | 67 | 3.9 |
| Gingerbread | 356 | 16.0 | 49 | 0.0 |
| Jelly bean | 375 | 0.0 | 94 | 0 |
| Lollipop | 392 | 0.2 | 98 | 6.5 |
| Honeycomb | 408 | 3.2 | 87 | 4.9 |

图 4-193

### 1. 用法

数据表以类似网格的行列格式显示信息，并以易于扫描的方式组织信息，以便用户进行理解和查找。它可以嵌入主要内容中，如嵌入卡片中。数据表中可包含交互式组件（如卡片、按钮或菜单）、非交互元素（如角标）和查询与操作数据的工具，如图 4-194 所示。

图 4-194

### 2. 组成

数据表由容器、列标题、排序工具、复选框及表格内容组成，如图 4-195 所示。

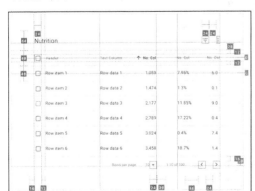

图 4-195

### 3. 尺寸

数据表的设计尺寸如图 4-196 所示。

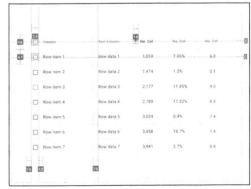

图 4-196

### 4.2.17　对话框

对话框（Dialog）是一种出现在应用程序内容前面，用于提供关键信息或请求用户做出决定的窗口，如图 4-197 所示。

#### 1．用法

（1）警告对话框

警告对话框会中断用户的紧急信息、详细信息或操作，如图 4-198 所示。

图 4-197　　　　　　　　　　图 4-198

（2）简单对话框

简单对话框显示选中后立即生效的项目列表，如图 4-199 所示。

（3）确认对话框

确认对话框要求用户在提交选项之前先确认选择，如图 4-200 所示。

（4）全屏对话框

全屏对话框填满整个屏幕，其中包含需要完成一系列任务的操作，如图 4-201 所示。

图 4-199　　　　　　　　　图 4-200　　　　　　　　　图 4-201

## 2. 组成

对话框由容器、标题（可选）、辅助文字、按钮及遮罩组成，如图 4-202 所示。

图 4-202

## 3. 尺寸

对话框的设计尺寸如图 4-203 所示。

图 4-203

## 4.2.18 分隔线

分隔线（Divider）是一条用于对列表和布局中的内容进行分组的细线，如图 4-204 所示。

### 1. 用法

（1）全出血分隔线

全出血分隔线将内容分成多个部分并跨越布局的整个长度，如图 4-205 所示。

（2）插入式分隔线

插入式分隔线分隔相关内容，如电子邮件线程中的电子邮件。它们应与图标或头像等特定元素一起使用，并与应用栏标题左对齐，如图 4-206 所示。

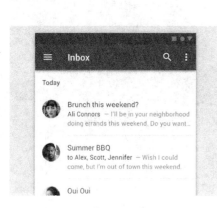

图 4-204                    图 4-205                    图 4-206

（3）居中分隔线

居中分隔线放置在布局或列表的中间，它们最适合分隔相关内容，如图 4-207 所示。

（4）子标题分隔线

子标题分隔线可以与子标题配对以识别分组内容。将分隔线放在子标题上方以加强子标题与内容的连接，如图 4-208 所示。

图 4-207                    图 4-208

2. 尺寸

分隔线的设计尺寸如图 4-209 所示。

图 4-209

### 4.2.19 课堂案例——制作家具类 App 的分隔线

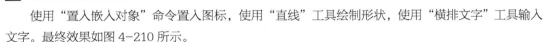

制作家具类
App 的分隔线

#### 案例学习目标

学习使用 Photoshop 制作家具类 App 的分隔线。

#### 案例知识要点

使用"置入嵌入对象"命令置入图标，使用"直线"工具绘制形状，使用"横排文字"工具输入文字。最终效果如图 4-210 所示。

#### 效果所在位置

云盘/Ch04/效果/制作家具类 App 分隔线.psd。

（1）启动 Photoshop CC，按 Ctrl+N 组合键，弹出"新建文档"对话框，将宽度设为 1 080 像素，高度设为 1 040 像素，分辨率设为 72 像素/英寸，背景内容设为白色，如图 4-211 所示。单击"创建"按钮，完成新建文档。

图 4-210

图 4-211

（2）选择"文件>置入嵌入对象"命令，弹出"置入嵌入的对象"对话框。选择云盘中的"Ch04>素材>制作家具类 App 分隔线> 01"文件，单击"置入"按钮，将图片置入到图像窗口中。将其拖曳到适当的位置，按 Enter 键确定操作，效果如图 4-212 所示。在"图层"控制面板中生成新的图层并将其命名为"状态栏"。

图 4-212

（3）选择"文件>置入嵌入对象"命令，弹出"置入嵌入的对象"对话框。选择云盘中的"Ch04>

素材>制作家具类 App 分隔线> 02"文件，单击"置入"按钮，将图片置入到图像窗口中。将其拖曳
到适当的位置，如图 4-213 所示。在"图层"控制面板中生成新的图层并将其命名为"搜索栏"。

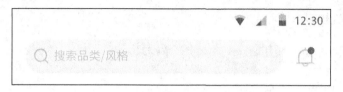

图 4-213

（4）选择"视图>新建参考线"命令，弹出"新建参考线"对话框，设置如图 4-214 所示。单击
"确定"按钮，完成参考线的创建，效果如图 4-215 所示。

图 4-214

图 4-215

（5）选择"直线"工具 ╱，在属性栏的"选择工具模式"选项中选择"形状"，将"填充"颜色
设为无，"描边"颜色设为海参灰（245、245、245），"粗细"选项设为 2 像素。在按住 Shift 键的同
时，在图像窗口中参考线的位置绘制直线。按"Ctrl+;"组合键隐藏参考线，效果如图 4-216 所示，
在"图层"控制面板中生成新的形状图层并将其重命名为"全出血分隔线"，如图 4-217 所示。

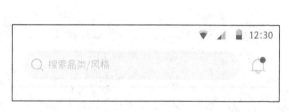

图 4-216

图 4-217

（6）选择"矩形"工具 ▢，在属性栏中将"填充"颜色设为黑色，"描边"颜色设为无。在按住
Shift 键的同时，在图像窗口中适当的位置绘制矩形，在"属性"面板中进行设置，如图 4-218 所示，
效果如图 4-219 所示。

（7）在图像窗口左侧标尺上单击并按住鼠标左键水平向右拖曳鼠标，在矩形左侧锚点的位置松开
鼠标，完成参考线的创建，效果如图 4-220 所示。再次拖曳鼠标，在矩形下方锚点的位置松开鼠标，
完成参考线的创建，效果如图 4-221 所示。在"图层"控制面板中选中"矩形 1"图层，按 Delete
键将其删除。

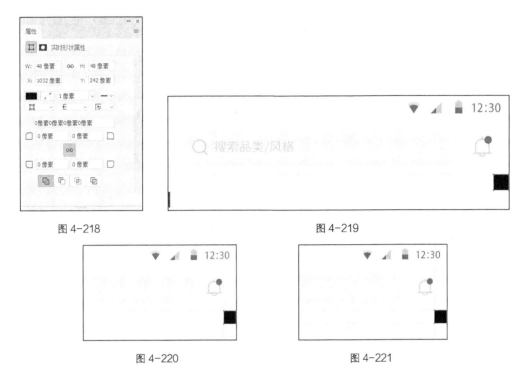

图 4-218                          图 4-219

图 4-220                          图 4-221

（8）选择"文件>置入嵌入对象"命令，弹出"置入嵌入的对象"对话框。分别选择云盘中的"Ch04>素材>制作家具类 App 分隔线>03、04"文件，单击"置入"按钮，将图片置入到图像窗口中，将其拖曳到适当的位置，效果如图 4-222 所示。在"图层"控制面板中生成新的图层并分别将其命名为"列表选项"和"热门分类"。

（9）选择"视图>新建参考线"命令，弹出"新建参考线"对话框，设置如图 4-223 所示。单击"确定"按钮，完成参考线的创建，效果如图 4-224 所示。

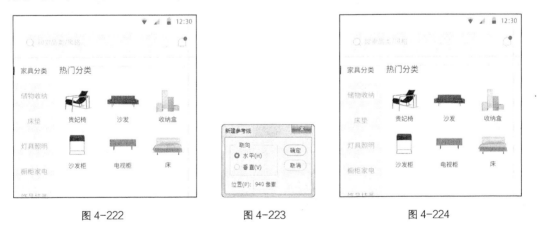

图 4-222                图 4-223                图 4-224

（10）选择"直线"工具 ，在属性栏的"选择工具模式"选项中选择"形状"，将"填充"颜色设为无，"描边"颜色设为海参灰（245、245、245），"粗细"选项设为 2 像素。在按住 Shift 键的同时，在图像窗口中参考线的位置绘制直线。按"Ctrl+；"组合键隐藏参考线，效果如图 4-225 所示。在"图层"控制面板中生成新的形状图层并将其命名为"插入式分隔线"，如图 4-226 所示。

| 图 4-225 | 图 4-226 |

（11）选择"横排文字"工具 T.，在适当的位置输入需要的文字并选取文字，选择"窗口>字符"命令，弹出"字符"面板。将"颜色"选项设为长石灰（54、52、51），其他选项的设置如图 4-227 所示。按 Enter 键确定操作，效果如图 4-228 所示，在"图层"控制面板中生成新的文字图层。

| 图 4-227 | 图 4-228 |

（12）在按住 Shift 键的同时，在"图层"控制面板中单击"更多推荐"文字图层和"状态栏"图层，将需要的图层同时选取。按 Ctrl+G 组合键，群组图层并将其命名为"分隔线组件"，如图 4-229 所示。按"Ctrl+;"组合键隐藏参考线，效果如图 4-230 所示。

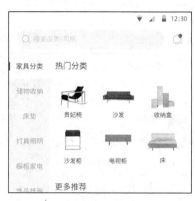

| 图 4-229 | 图 4-230 |

（13）按 Ctrl+S 组合键，弹出"另存为"对话框，将其命名为"制作家具类 App 分隔线"，保存为 PSD 格式。单击"保存"按钮，弹出"Photoshop 格式选项"对话框，单击"确定"按钮，将文件保存。家具类 App 的分隔线制作完成。

### 4.2.20 图片组

图片组（Divider）用于有秩序地显示图像，如图 4-231 所示。

图 4-231

#### 1. 用法

图片组有标准图片组、排版图片组、照片墙图片组及瀑布流图片组 4 种形式，如图 4-232 所示。

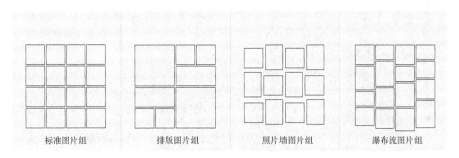

图 4-232

（1）标准图片组

标准图片组适合于同等重要的项目。它们具有统一的尺寸、比例和间距，图 4-231 所示为一个标准图片组。

（2）排版图片组

排版图片组强调一个集合中的某些图像，它们使用不同的大小和比例创建层次结构，如图 4-233 所示。

（3）照片墙图片组

使用照片墙图片组便于浏览对等内容，它们在不同比例的容器中显示内容，以创建有节奏的布局，如图 4-234 所示。

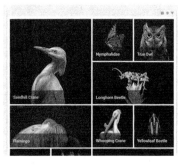

图 4-233

（4）瀑布流图片组

使用瀑布流图片组便于浏览未裁剪的对等内容，容器高度根据图像大小确定，如图 4-235 所示。

#### 2. 组成

图片组由图片容器、文字标签（可选）、可交互图标（可选）、文字保护（可选）及图片列表项组成，如图 4-236 所示。

图 4-234　　　　　　　　　　　　图 4-235

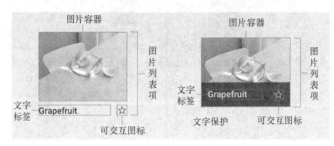

图 4-236

### 3．尺寸

图片组的设计尺寸如图 4-237 所示。

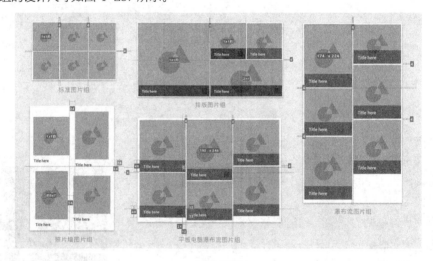

图 4-237

## 4.2.21　列表

列表（List）是一组连续的文本或图像，如图 4-238 所示。

### 1．用法

列表有单行列表、两行列表及三行列表 3 种类型，如图 4-239 所示。

（1）单行列表

单行列表最多包含一行文本，如图 4-240 所示。

图 4-238

单行列表　　　　　　两行列表　　　　　　三行列表

图 4-239

带文本的单行列表　　　　　带图标和文本的单行列表

图 4-240

（2）两行列表

两行列表最多包含两行文本，如图 4-241 所示。

带图标和元图标的两行列表　　带缩略图和元文本的两行列表

图 4-241

（3）三行列表

三行列表最多包含三行文本，不同行之间的文本数量可能不同，如图 4-242 所示。

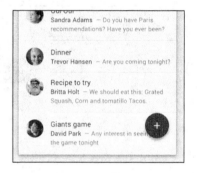

带头像的三行列表　　　　　带缩略图和元文本的三行列表　　　　　同一列表

图 4-242

每个列表中也会带有控件，用于显示列表项的信息和操作，主要有以下几种。

（1）复选框

复选框用于主要操作或辅助操作，如图 4-243 所示。

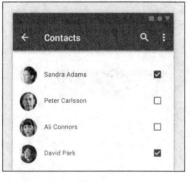
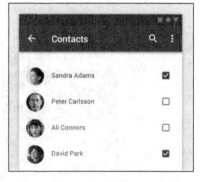

辅助操作　　　　　　　　　　主要操作

图 4-243

（2）展开和折叠

可通过垂直展开和折叠列表内容来显示和隐藏现有列表项的详细信息，如图 4-244 所示。

（3）开关

单击列表控件会扩展列表，如图 4-245 所示。

（4）重新排序

列表通常以编辑模式显示，拖动列表项会将它们移动到列表中的其他位置，重新排序，如图 4-246 所示。

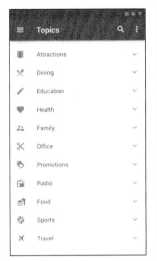

折叠　　　　　　　　　展开

图 4-244　　　　　　　　　　　　　　　　图 4-245

### 2. 组成

列表由列表容器、行及列表内容组成，如图 4-247 所示。

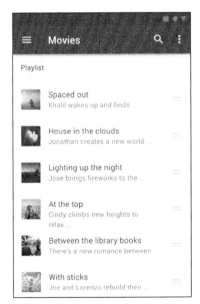

图 4-246　　　　　　　　　　　　图 4-247

### 3. 尺寸

列表的设计尺寸如图 4-248 所示。

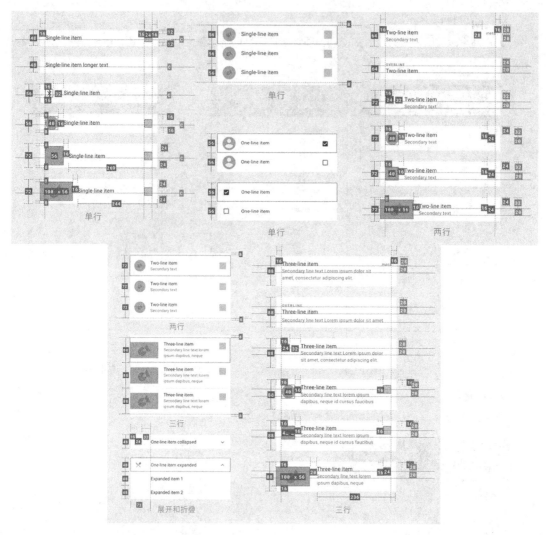

图 4-248

## 4.2.22　菜单

菜单（Menu）是临时显示表面上的选项的列表，如图 4-249 所示。

**1. 用法**

菜单允许用户从多个选项中进行选择，可以分为下拉菜单和外露下拉菜单。

（1）下拉菜单

下拉菜单通常位于生成它的元素下方，如图 4-249 所示。

（2）外露下拉菜单

外露下拉菜单在菜单上方会显示当前选定的菜单项，它们只能在一次选择单个菜单项时使用，如图 4-250 所示。

**2. 组成**

菜单弹出时会显示相关列表，具体分为以下几种。

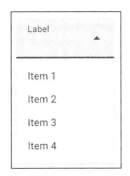

图 4-249　　　　　　　　　　图 4-250

（1）文字列表

文字列表由容器、文本及分频器组成，如图 4-251 所示。

（2）文字和图标列表

文字和图标列表由容器、前置图标、文本及分隔线组成，如图 4-252 所示。

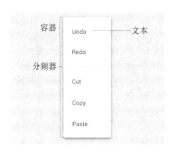

图 4-251　　　　　　　　　　图 4-252

（3）文字、图标和键盘命令列表

　文字、图标和键盘命令列表由容器、前置图标、文本、分隔线、命令及级联菜单指示器组成，如图 4-253 所示。

（4）带选择状态的文字列表

　带选择状态的文字列表和其他列表不同的是多了选择状态，如图 4-254 所示。

图 4-253　　　　　　　　　　图 4-254

3. 尺寸

菜单的设计尺寸如图 4-255 所示。

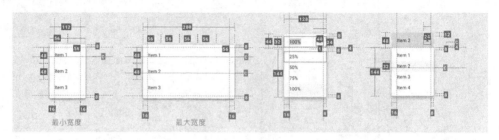

图 4-255

## 4.2.23 抽屉式导航

抽屉式导航（Navigation Drawer）用于访问应用中的目标及功能，如切换账户等，如图 4-256 所示。

### 1. 用法

抽屉式导航推荐用于具有 5 个或更多导航项目的应用、具有 2 个或更多级别导航层次结构的应用及不相关目标之间的快速导航，如图 4-257 所示。

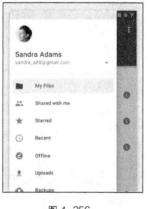

图 4-256                              图 4-257

常见的抽屉式导航有常规抽屉式导航、模态抽屉式导航及底部抽屉式导航 3 种类型。

（1）常规抽屉式导航

常规抽屉式导航允许用户同时访问抽屉和应用内容，它们通常与 App 内容共存，普遍用于平板电脑，如图 4-258 所示。

（2）模态抽屉式导航

模态抽屉式导航使用遮罩来阻止用户与应用内容的其余部分进行交互，它们高于大多数 App 元素，主要用于移动设备，如图 4-259 所示。

（3）底部抽屉式导航

底部抽屉式导航可与底部应用栏一起使用，为了使底部应用栏的菜单图标提高可达性，它们从屏幕底部而不是侧面打开，如图 4-260 所示。

图 4-258                   图 4-259             图 4-260

**2. 组成**

抽屉式导航由容器、标题（可选）、分隔线（可选）、选中状态、选中状态的文字、未激活文字、小标题及遮罩（不可交互）组成，如图 4-261 所示。

图 4-261

**3. 尺寸**

抽屉式导航的设计尺寸如图 4-262 所示。

图 4-262

图 4-262（续）

## 4.2.24　状态指引

状态指引（Progress Indicator）表示未标明的等待时间或显示进程的长度，如图 4-263 所示。

图 4-263

### 1. 用法

状态指引向用户通知正在进行的进程的状态，如加载应用程序、提交表单或保存更新。状态指引从视觉上可以分为线性和循环状态指引，功能上可以分为明确和非明确状态指引。

（1）线性和循环状态指引

Material Design 语言提供两种视觉上不同类型的状态指引，分别是线性和循环状态指引，如图 4-264 所示。

（2）明确和未明确

明确状态指引可以显示流程需要多长时间，未明确状态指引无法检测进度还需要多长时间，如图 4-265 所示。

### 2. 组成

状态指引由轨迹和指示器组成，如图 4-266 所示。

### 3. 尺寸

状态指引的设计尺寸如图 4-267 所示。

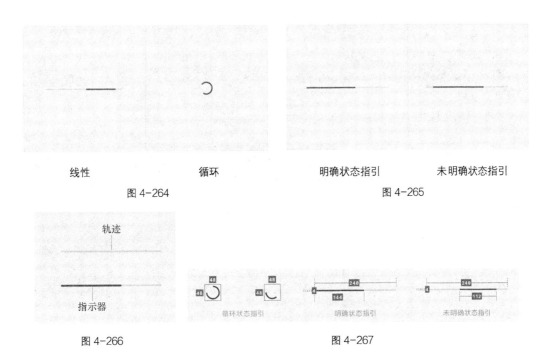

线性　　　　　　　循环　　　　　　　　明确状态指引　　　　未明确状态指引

图 4-264　　　　　　　　　　　　　　　　　图 4-265

图 4-266　　　　　　　　　　　图 4-267

## 4.2.25　选择控件

选择控件（Selection Control）允许用户选择选项，如图 4-268 所示。

### 1．用法

选择控件有单选按钮、复选框及开关 3 种类型，如图 4-269 所示。

　　　　　　　　　　　　　　单选按钮　　　　　　复选框　　　　　　　开关

　　　图 4-268　　　　　　　　　　　　图 4-269

（1）单选按钮

单选按钮允许用户从一组中选择一个选项。当用户需要查看所有可用选项时，可使用单选按钮，如图 4-270 所示。如果需要折叠可用选项，可考虑使用下拉菜单，因为它占用的空间更少。

（2）复选框

复选框允许从列表中选择一个或多个项目，可用于打开或关闭选项，如图 4-271 所示。

（3）开关

使用开关可以打开或关闭单个选项及立即激活或停用某些内容，如图 4-272 所示。

 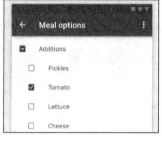 

图 4-270        图 4-271        图 4-272

**2．尺寸**

选择控件的设计尺寸如图 4-273 所示。

单选按钮        复选框        开关

图 4-273

### 4.2.26　课堂案例——制作家具类 App 的选择控件

**案例学习目标**

学习使用 Photoshop 制作家具类 App 的选择控件。

**案例知识要点**

使用"圆角矩形"工具绘制形状，使用"属性"面板制作弥散投影，使用"置入嵌入对象"命令置入图标，使用"横排文字"工具输入文字。最终效果如图 4-274 所示。

制作家具类
App 的选择控件

图 4-274

## 效果所在位置

云盘/Ch04/效果/制作家具类 App 选择控件.psd。

（1）启动 Photoshop CC，按 Ctrl+N 组合键，弹出"新建文档"对话框，将宽度设为 104 像素，高度设为 104 像素，分辨率设为 72 像素/英寸，背景内容设为白色，如图 4-275 所示。单击"创建"按钮，完成新建文档。

图 4-275

（2）选择"椭圆"工具 ○，，在属性栏的"选择工具模式"选项中选择"形状"，将"填充"颜色设为无，"描边"颜色设为浅灰色（198、198、198），"设置形状描边宽度"选项设为 3 像素。在按住 Shift 键的同时，在图像窗口中适当的位置绘制圆形，在"图层"控制面板中生成新的形状图层并将其命名为"未选中"。在"属性"面板中进行设置，如图 4-276 所示，效果如图 4-277 所示。

图 4-276

图 4-277

（3）在"图层"控制面板中，单击"未选中"图层左侧的眼睛图标 ◉，隐藏该图层。选择"椭圆"工具 ○，，在属性栏中将"填充"颜色设为长石灰（54、52、51），"描边"颜色设为无，在图像窗口中适当的位置绘制圆角矩形。在"属性"面板中的设置如图 4-278 所示，效果如图 4-279 所示。

（4）选择"矩形"工具 □，，在属性栏中将"填充"颜色设为白色，"描边"颜色设为无，在图像窗口中适当的位置绘制矩形，在"图层"控制面板中生成新的形状图层"矩形 1"。在"属性"面板中进行其他设置，如图 4-280 所示，效果如图 4-281 所示。

图 4-278                                            图 4-279

（5）使用相同的方法再次绘制一个圆角矩形，在"属性"面板中进行其他设置，如图 4-282 所示，效果如图 4-283 所示，在"图层"控制面板中生成新的形状图层"矩形 2"。

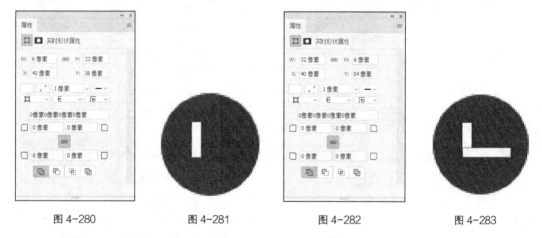

图 4-280              图 4-281              图 4-282              图 4-283

（6）在按住 Shift 键的同时，在"图层"控制面板中单击"矩形 1"图层，将需要的图层同时选取。按 Ctrl+E 组合键，合并形状，如图 4-284 所示。

（7）按 Ctrl+T 组合键，在图形周围出现变换框，如图 4-285 所示。将鼠标指针放在变换框的控制手柄右下角，指针变为旋转图标 ↲。在按住 Shift 键的同时，拖曳鼠标将图形旋转-45°，并将其拖曳到适当的位置，如图 4-286 所示。按 Enter 键确定操作，效果如图 4-287 所示。

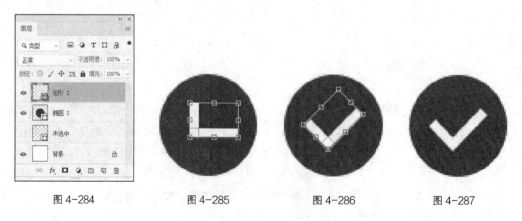

图 4-284              图 4-285              图 4-286              图 4-287

（8）在按住 Shift 键的同时，在"图层"控制面板中单击"椭圆 2"图层和"矩形 2"图层，将需要的图层同时选取。按 Ctrl+G 组合键，群组图层并将其命名为"已选中"，如图 4-288 所示。在按住 Shift 键的同时，单击"未选中"图层，将需要的图层组同时选取。按 Ctrl+G 组合键，群组图层组并将其命名为"选择控件"，如图 4-289 所示，效果如图 4-290 所示。

图 4-288　　　　　　　　图 4-289　　　　　　　　图 4-290

（9）按 Ctrl+S 组合键，弹出"另存为"对话框，将其命名为"制作家具类 App 选择控件"，保存为 PSD 格式。单击"保存"按钮，弹出"Photoshop 格式选项"对话框，单击"确定"按钮，将文件保存。家具类 App 的选择控件制作完成。

### 4.2.27　底部面板

底部面板（Sheets: bottom）是包含固定在屏幕底部的附加内容的面板，如图 4-291 所示。

**1. 用法**

底部面板有标准底部面板、模态底部面板及扩展底部面板 3 种类型。

（1）标准底部面板

标准底部面板用于显示补充屏幕的主要内容，当用户与主要内容交互时，它们仍然可见，如图 4-292 所示。

（2）模态底部面板

模态底部面板是移动设备上的内联菜单或简单对话框的替代方案，可为其他项目、更长的描述和图标提供空间。要与屏幕其余部分交互必须先关闭它们，如图 4-293 所示。

图 4-291　　　　　　　　图 4-292　　　　　　　　图 4-293

（3）扩展底部面板

扩展底部面板提供一个小的折叠表面，用户可以展开它来访问关键功能或任务。它们提供了标准面板的持久访问，其中包含模态面板的空间和焦点，如图 4-294 所示。

**2. 组成**

底部面板由面板、内容及遮罩（仅限模态）组成，如图 4-295 所示。

图 4-294                        图 4-295

**3. 尺寸**

底部面板的设计尺寸如图 4-296 所示。

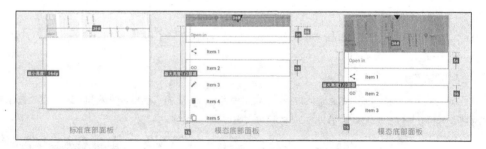

图 4-296

### 4.2.28 侧面板

侧面板（Sheets: side）是包含固定在屏幕左边缘或右边缘的附加内容的面板，如图 4-297 所示。

图 4-297

**1．用法**

侧面板有标准侧面板和模态侧面板两种类型，其中标准侧面板主要用于桌面端，模态侧面板主要用于移动设备上，如图 4-298 所示。

标准侧面板                          模态侧面板

图 4-298

**2．组成**

侧面板由面板、内容及遮罩（仅限模态）组成，如图 4-299 所示。

**3．尺寸**

模态侧面板的设计尺寸如图 4-300 所示。

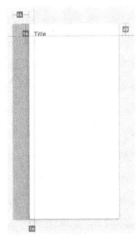

图 4-299                                图 4-300

## 4.2.29　滑块

滑块（Slider）允许用户从一系列值中进行选择，如图 4-301 所示。

**1．用法**

滑块非常适合于调整音量、亮度或应用图像中的滤镜等。它可以在条形图的两端带有反映一系列值的图标，如图 4-302 所示。

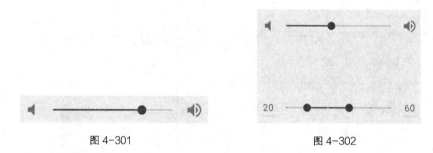

图 4-301                          图 4-302

滑块有连续滑块和离散滑块两种类型。

（1）连续滑块

连续滑块允许用户选择主观范围内的值，如图 4-303 所示。

（2）离散滑块

可以通过参考指示器的值将离散滑块调整为特定值，如图 4-304 所示。

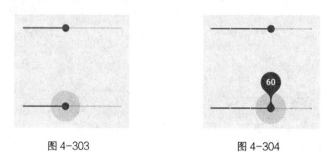

图 4-303                          图 4-304

**2. 组成**

滑块由轨道、拇指部分、标签值（可选）及刻度线组成，如图 4-305 所示。

**3. 尺寸**

滑块的设计尺寸如图 4-306 所示。

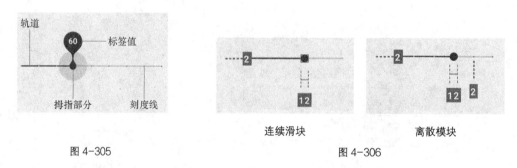

图 4-305                          图 4-306

## 4.2.30  底部提示栏

底部提示栏（Snackbar）用于在屏幕底部显示有关应用程序进程的简短消息，如图 4-307 所示。

**1. 用法**

底部提示栏中显示的消息只是暂时出现在屏幕底部，并且一次只能显示一个。因为底部提示栏会自动消失，所以不需要用户对其进行关闭或取消操作。

**2. 组成**

底部提示栏由文字标签、容器及动作（可选）组成，如图 4-308 所示。

图 4-307                 图 4-308

**3. 尺寸**

底部提示栏的设计尺寸如图 4-309 所示。

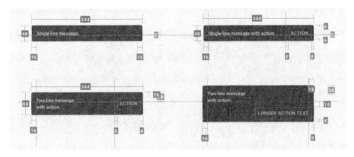

图 4-309

## 4.2.31 选项卡

选项卡（Tab）允许在相关且处于相同层次结构的内容组之间进行导航，如图 4-310 所示。

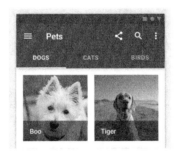

图 4-310

**1. 用法**

选项卡分为固定选项卡和滚动选项卡两种类型。

（1）固定选项卡

固定选项卡会在屏幕上显示所有标签，每个标签的宽度固定，如图 4-311 所示。

（2）滚动选项卡

滚动选项卡是可滚动的，没有固定宽度，一些选项卡将保持在屏幕外直到滚动至屏幕内，如图 4-312 所示。

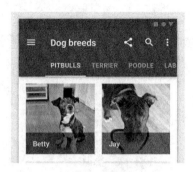

图 4-311                                    图 4-312

## 2．组成

选项卡由容器、选中图标（如果有文字，则为可选）、选中文本标签、选项卡指示器、未选中图标、未选中文本标签及选项卡项组成，如图 4-313 所示。

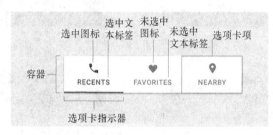

图 4-313

## 3．尺寸

选项卡的设计尺寸如图 4-314 所示。

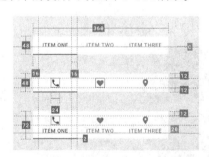

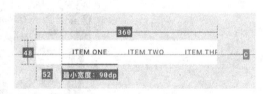

固定选项卡                                    滚动选项卡

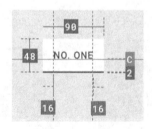

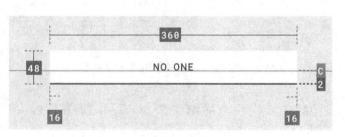

选项卡的最小宽度                          选项卡的最大宽度

图 4-314

### 4.2.32　文本框

文本框（Text Field）允许用户输入和编辑文本，如图 4-315 所示。

图 4-315

#### 1.　用法

文本框通常用于表单和对话框中，分为填充文本框和线性文本框两种类型，如图 4-316 所示。

填充文本框　　　　　　　　　　　　线性文本框

图 4-316

（1）填充文本框

填充文本框在视觉上有更强的冲击力，可以在被其他内容和组件包围时突出强调，如图 4-317 所示。

（2）线性文本框

线性文本框在视觉上的冲击力不是很强，当它们出现在表单之类的地方时，许多文本字段放在一起，其弱化有助于简化布局，如图 4-318 所示。

图 4-317　　　　　　　　　　　　　　图 4-318

#### 2.　组成

文本框由容器、前置图标（可选）、标签文本、输入文本、后缀图标（可选）、选中指示器和辅助文本组成，如图 4-319 所示。

图 4-319

#### 3.　尺寸

文本框的设计尺寸如图 4-320 所示。

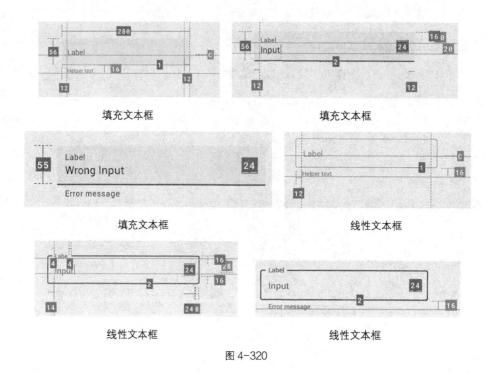

图 4-320

### 4.2.33 课堂案例——制作家具类 App 的文本框

案例学习目标

学习使用 Photoshop 制作家具类 App 的文本框。

案例知识要点

使用"横排文字"工具输入文字，使用"直线"工具绘制形状。最终效果如图 4-321 所示。

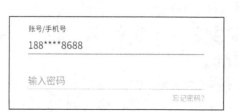

制作家具类
App 的文本框

图 4-321

**效果所在位置**

云盘/Ch04/效果/制作家具类 App 文本框.psd。

（1）启动 Photoshop CC，按 Ctrl+N 组合键，弹出"新建文档"对话框，将宽度设为 1080 像素，高度设为 448 像素，分辨率设为 72 像素/英寸，背景内容设为白色，如图 4-322 所示。单击"创建"按钮，完成新建文档。

图 4-322

（2）选择"横排文字"工具 T.，在适当的位置输入需要的文字并选取文字。选择"窗口>字符"命令，弹出"字符"面板。将"颜色"选项设为深灰色（34、34、38），其他选项的设置如图 4-323 所示。按 Enter 键确定操作，效果如图 4-324 所示，在"图层"控制面板中生成新的文字图层。用相同的方法再次输入文字，在"字符"面板中进行设置，如图 4-325 所示，效果如图 4-326 所示。

图 4-323

账号/手机号

图 4-324

图 4-325

账号/手机号

188****8688

图 4-326

（3）选择"直线"工具 ∕，在属性栏中将"填充"颜色设为深灰色（34、34、38），"描边"颜色设为无，"粗细"选项设为 2 像素。在按住 Shift 键的同时，在适当的位置绘制一条直线，在"图层"控制面板中生成新的形状图层"形状 1"，效果如图 4-327 所示。

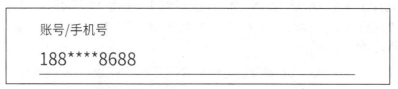

图 4-327

（4）在按住 Shift 键的同时，在"图层"控制面板中，单击"账号/手机号"文字图层，将需要的图层同时选取，如图 4-328 所示。按 Ctrl+G 组合键，群组图层并将其命名为"账号"，如图 4-329 所示。

图 4-328          图 4-329

（5）将"账号"图层组拖曳到"图层"控制面板下方的"创建新图层"按钮 ☐ 上进行复制，生成新的图层组并将其命名为"密码"。选择"移动"工具 ⊕，选取图形。在按住 Shift 键的同时将图层垂直向下拖曳到适当的位置。在"图层"控制面板中，设置图层组的"不透明度"选项为 50%，如图 4-330 所示，效果如图 4-331 所示。

图 4-330          图 4-331

（6）展开"密码"图层组，选中"账号/手机号"文字图层，按 Delete 键删除图层。选择"横排文字"工具 T，选取文字并修改文字。在"字符"面板中进行设置，如图 4-332 所示，效果如图 4-333 所示。

（7）在"图层"控制面板中选择"密码"图层组。选择"横排文字"工具 T，在适当的位置输入需要的文字并选取文字。在"属性"面板中将"颜色"选项设为灰色（153、153、153），其他选项的设置如图 4-334 所示。按 Enter 键确定操作，效果如图 4-335 所示，在"图层"控制面板中生成新的文字图层。

图 4-332

图 4-333

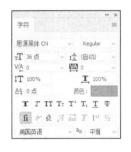

图 4-334

图 4-335

（8）按 Ctrl+S 组合键，弹出"另存为"对话框，将其命名为"制作家具类 App 文本框"，保存为 PSD 格式。单击"保存"按钮，弹出"Photoshop 格式选项"对话框，单击"确定"按钮，将文件保存。家具类 App 的文本框制作完成。

## 4.2.34 提示

提示（Tooltip）是当用户点击元素时，工具提示会显示信息性文本，如图 4-336 所示。

### 1. 用法

提示会显示标识元素的文本标签，如其功能描述等，如图 4-337 所示。

图 4-336

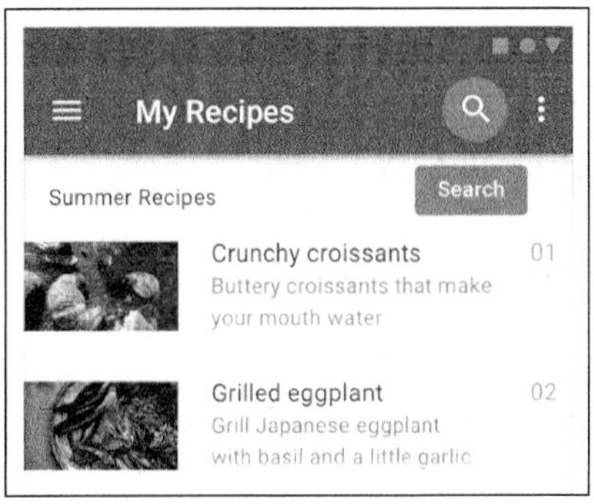

图 4-337

### 2. 尺寸

提示的设计尺寸如图 4-338 所示。

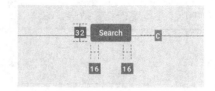

图 4-338

## 4.3　课堂练习——制作家具类 App 的个人中心页

### 🔗 练习知识要点

　　使用"移动"工具移动素材，使用"置入"命令置入图片，使用"矩形"工具、"圆角矩形"工具和"钢笔"工具绘制基本形状，使用"横排文字"工具输入文字。最终效果如图 4-339 所示。

制作家具类 App
的个人中心页

图 4-339

### 🎯 效果所在位置

　　云盘/Ch04/效果/制作家具类 App 个人中心页.psd。

## 4.4　课后习题——制作家具类 App 的购物车页

### 🔗 习题知识要点

　　使用"移动"工具移动素材，使用"置入"命令置入图片，使用"剪贴蒙版"命令调整图片显示区域，使用"矩形"工具、"圆角矩形"工具、"椭圆"工具和"直线"工具绘制基本形状，使用"横排文字"工具输入文字。最终效果如图 4-340 所示。

图 4-340

制作家具类
App 的购物车页

 **效果所在位置**

云盘/Ch04/效果/制作家具类 App 购物车页.psd。

# 05

# 第 5 章
# App 界面设计实战

**本章介绍**

　　优秀的 App 界面设计能给用户带来更好的使用体验。本章对 App 界面中的闪屏页、引导页、首页、个人中心页、详情页及注册登录页的制作进行系统讲解与演练。通过本章的学习，读者可以对 App 界面设计过程有一个完整的体验，深入了解移动 UI 设计的内涵与精髓。

**学习目标**

- ✔ 了解 App 闪屏页的概念
- ✔ 了解 App 引导页的概念
- ✔ 了解 App 首页的概念
- ✔ 了解 App 个人中心页的概念
- ✔ 了解 App 详情页的概念
- ✔ 了解 App 注册登录页的概念

**技术目标**

- ✔ 掌握美食类 App 闪屏页的绘制方法
- ✔ 掌握美食类 App 欢迎页的绘制方法
- ✔ 掌握美食类 App 首页的绘制方法
- ✔ 掌握美食类 App 消息列表页的绘制方法
- ✔ 掌握美食类 App 聊天页的绘制方法
- ✔ 掌握美食类 App 个人中心页的绘制方法

# 5.1　闪屏页

闪屏页又称为"启动页"，是用户点击 App 图标后，预先加载的一张图片。闪屏页承载了用户对 App 的第一印象，是情感化设计的重要组成部分。闪屏页可以细分为品牌推广型、活动广告型和节日关怀型 3 种类型。

## 5.1.1　品牌推广型

品牌推广型闪屏页是为表现产品品牌而设定的，基本采用"产品 Logo+产品名称+产品"的简洁化设计形式，如图 5-1 所示。

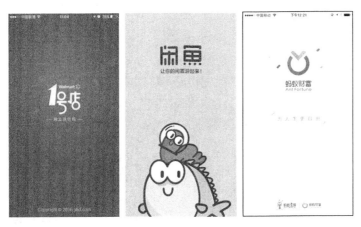

图 5-1

## 5.1.2　活动广告型

活动广告型闪屏页是为推广活动或广告而设定的，通常将推广的内容直接放在闪屏页内，多采用暖色插画的设计形式，以营造热闹的氛围，如图 5-2 和图 5-3 所示。

图 5-2

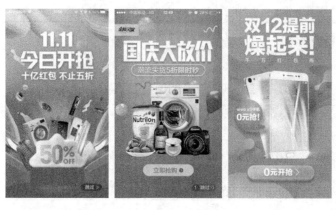

图 5-3

### 5.1.3　节日关怀型

节日关怀型闪屏页是为营造节假日氛围同时凸显产品品牌而设定的，多采用"产品 Logo+内容插画"的设计形式，使用户感受到节日的关怀与祝福，如图 5-4 和图 5-5 所示。

图 5-4

图 5-5

## 5.2 引导页

引导页是用户在第一次使用或经过更新后打开 App 看到的一组图片,通常由 3~5 页组成。引导页能帮助用户快速了解 App 的主要功能和特点。引导页可以细分为功能说明型、产品推广型和搞笑卖萌型 3 种类型。

### 5.2.1 功能说明型

功能说明型引导页是引导页中最基础的,主要对产品的新功能进行展示,常用于 App 重大版本的更新中,多采用插图的设计形式,以达到短时间内吸引用户的目的,如图 5-6 所示。

图 5-6

### 5.2.2 产品推广型

产品推广型引导页多用于表达产品的价值,让用户更了解产品想表达的情怀,多采用与企业形象和产品风格一致的设计形式,让用户产生亲切感,如图 5-7 所示。

图 5-7

### 5.2.3 搞笑卖萌型

搞笑卖萌型引导页是引导页中设计难度较高的,多采用拟人的夸张形象设计及丰富的交互动画,让用户身临其境，放松愉悦，如图 5-8 所示。

图 5-8

## 5.3　首页

首页又称为"起始页"，是 App 的第一页。首页承担着流量分发的作用，是展现产品特色的关键页面。首页可以细分为列表型、网格型、卡片型和综合型 4 种类型。

### 5.3.1　列表型

列表型首页是在页面上将同级别的模块进行分类展示，常用于展示数据或文字信息等，多采用单一的设计形式，方便用户浏览，如图 5-9 所示。

图 5-9

### 5.3.2　网格型

网格型首页是在页面上将重要功能以矩形模块的形式进行展示，常用于工具类 App 等，多采用统一矩形模块的设计形式，有助于刺激用户点击，如图 5-10 所示。

图 5-10

### 5.3.3　卡片型

卡片型首页是在页面上将图片、文字、控件放置于同一张卡片中，再将卡片进行分类展示，常用于展示数据、文字信息、工具简介等多采用统一的卡片设计形式，让用户一目了然，如图 5-11 所示。

图 5-11

### 5.3.4　综合型

综合型首页由搜索栏、Banner、金刚区、瓷片区及标签栏等组成，运用范围较广，常用于电商类、教育类、旅游类 App 等多采用丰富的设计形式，以满足用户的各类需求，如图 5-12 所示。

图 5-12

## 5.4　个人中心页

个人中心页是展示个人信息的页面，主要由头像和信息内容组成，有时也会以抽屉打开的形式出现，如图 5-13 所示。

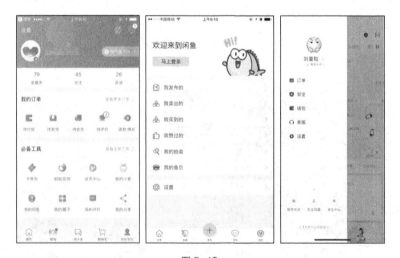

图 5-13

## 5.5　详情页

详情页是展示 App 产品详细信息的页面，页面内容较丰富，以图文信息为主，如图 5-14 所示。

图 5-14

# 5.6　注册登录页

注册登录页是电商类、社交类等功能丰富型 App 的必要页面，设计风格直观简洁，并且提供第三方账号登录功能，如图 5-15 所示。常见的第三方账号有微博、微信、QQ 等。

图 5-15

# 5.7　课堂案例——制作"侃侃"App

## 案例学习目标

学习使用不同的绘制工具绘制图形，使用图层样式添加特殊效果，并应用"移动"工具移动装饰图片来制作 App 界面。

## 案例知识要点

使用"椭圆"工具和"圆角矩形"工具绘制图形，使用"描边"和"渐变叠加"命令为图形添加

效果，使用"剪贴蒙版"命令为图片添加蒙版，使用"横排文字"工具输入文字。最终效果如图 5-16
所示。

 **效果所在位置**

云盘/Ch05/效果/制作"侃侃"App。

图 5-16

**1. 制作"侃侃"App 的闪屏页**

（1）启动 Photoshop CC，按 Ctrl+N 组合键，新建一个文件，宽度为 750 像素，高度为 1 334

像素，分辨率为 72 像素/英寸，背景内容为白色，如图 5-17 所示。单击"创建"按钮，完成新建文档。

（2）选择"文件>置入嵌入对象"命令，弹出"置入嵌入的对象"对话框。选择云盘中的"Ch05 > 素材>制作"侃侃"App >制作"侃侃"App 闪屏页> 01"文件，单击"置入"按钮，按 Enter 键确认操作，效果如图 5-18 所示，在"图层"控制面板中生成新的图层并将其命名为"底图"。

制作"侃侃"
App 的闪屏页

图 5-17         图 5-18

（3）按 Ctrl+T 组合键，在图片周围出现变换框，拖曳右上角的控制手柄，调整图片的大小及其位置，按 Enter 键确认操作，如图 5-19 所示。

（4）选择"视图>新建参考线"命令，弹出"新建参考线"对话框，在 40 像素的位置新建一条水平参考线，设置如图 5-20 所示。单击"确定"按钮，完成参考线的创建，效果如图 5-21 所示。

（5）选择"文件>置入嵌入对象"命令，弹出"置入嵌入的对象"对话框。选择云盘中的"Ch03 > 素材>制作"侃侃"App >制作"侃侃"App 闪屏页> 02"文件。单击"置入"按钮，将图片置入到图像窗口中，将其拖曳到适当的位置，按 Enter 键确定操作，效果如图 5-22 所示，在"图层"控制面板中生成新的图层并将其命名为"状态栏"。

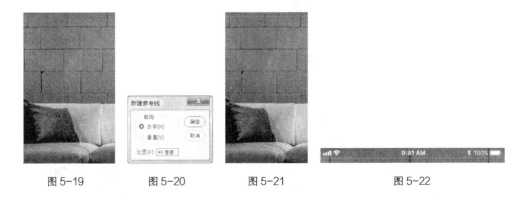

图 5-19      图 5-20      图 5-21      图 5-22

（6）选择"横排文字"工具 T.，在适当的位置输入需要的文字并选取文字。选择"窗口>字符"命令，弹出"字符"面板，将"颜色"选项设为白色，其他选项的设置如图 5-23 所示。按 Enter 键确认操作，效果如图 5-24 所示。

| 图 5-23 | 图 5-24 |

（7）选择"椭圆"工具 ○，在属性栏的"选择工具模式"选项中选择"形状"，将"填充"颜色设为白色，"描边"颜色设为无。在按住 Shift 键的同时，在图像窗口中适当的位置绘制圆形，效果如图 5-25 所示，在"图层"控制面板中生成新的形状图层"椭圆 1"。

（8）单击"图层"控制面板下方的"添加图层样式"按钮 fx，在弹出的菜单中选择"描边"命令，弹出"描边"对话框。在"填充类型"选项的下拉列表中选择"渐变"选项，单击"渐变"选项右侧的"点按可编辑渐变"按钮 ，弹出"渐变编辑器"对话框，在"位置"选项中分别输入 0、100 两个位置点，分别设置两个位置点颜色的 RGB 值为 0（254、72、49）、100（255、130、18），如图 5-26 所示。单击"确定"按钮，返回到"描边"对话框，其他选项的设置如图 5-27 所示。单击"确定"按钮，效果如图 5-28 所示。

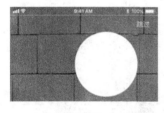

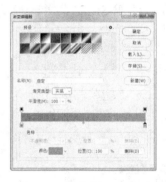

| 图 5-25 | 图 5-26 |

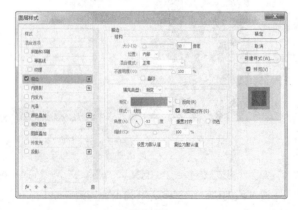

| 图 5-27 | 图 5-28 |

（9）将"椭圆 1"图层拖曳到"图层"控制面板下方的"创建新图层"按钮 ◙ 上进行复制，生成新的形状图层"椭圆 1 拷贝"。按 Ctrl+T 组合键，在图形周围出现变换框。在按住 Alt+Shift 组合键的同时，拖曳右上角的控制手柄等比例缩小图形，按 Enter 键确定操作。在"图层"控制面板中，双击"椭圆 1 拷贝"图层的缩览图，在弹出的对话框中，将颜色设为黑色，单击"确定"按钮。删除"椭圆 1 拷贝"图层的图层样式，效果如图 5-29 所示。

（10）选择"文件>置入嵌入对象"命令，弹出"置入嵌入的对象"对话框。选择云盘中的"Ch03 >素材>制作"侃侃"App >制作"侃侃"App 闪屏页> 03"文件，单击"置入"按钮，将图片置入到图像窗口中，将其拖曳到适当的位置并调整其大小。按 Enter 键确定操作，在"图层"控制面板中生成新的图层并将其命名为"人物 1"。按 Alt+Ctrl+G 组合键，为"人物 1"图层创建剪贴蒙版，效果如图 5-30 所示。

（11）在按住 Shift 键的同时，选中"椭圆 1"图层，按 Ctrl+G 组合键，群组图层并将其命名为"头像 1"，如图 5-31 所示。

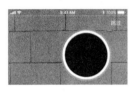

图 5-29

图 5-30

图 5-31

（12）将"头像 1"图层组拖曳到"图层"控制面板下方的"创建新图层"按钮 ◙ 上进行复制，生成新的图层组"头像 1 拷贝"，将其命名为"头像 2"，如图 5-32 所示。按 Ctrl+T 组合键，在图片周围出现变换框。选择"移动"工具 ✛ ，在图像窗口中将其拖曳到适当的位置并调整其大小，按 Enter 键确定操作，效果如图 5-33 所示。

（13）展开"头像 2"图层组，选中"人物 1"图层，按 Delete 键，删除该图层。选择"文件>置入嵌入对象"命令，弹出"置入嵌入的对象"对话框。选择云盘中的"Ch03 >素材>制作"侃侃"App >制作"侃侃"App 闪屏页> 04"文件。单击"置入"按钮，将图片置入到图像窗口中，将其拖曳到适当的位置并调整其大小。按 Enter 键确定操作，在"图层"控制面板中生成新的图层并将其命名为"人物 2"。按 Alt+Ctrl+G 组合键，为"人物 2"图层创建剪贴蒙版，效果如图 5-34 所示。

图 5-32

图 5-33

图 5-34

（14）双击"椭圆 1"图层的"描边"图层样式，弹出"图层样式"对话框，选项的设置如图 5-35 所示。单击"确定"按钮，效果如图 5-36 所示。

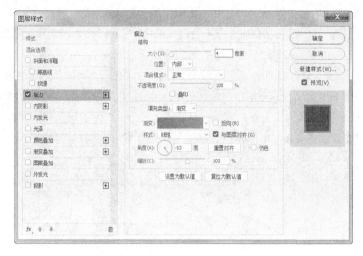

图 5-35　　　　　　　　　　　　　　　　　　　　图 5-36

（15）折叠"头像 2"图层组中的图层。选择"椭圆"工具 ◯，在属性栏中将"填充"颜色设为白色。在按住 Shift 键的同时，在图像窗口中拖曳鼠标绘制圆形，效果如图 5-37 所示。

（16）选择"文件>置入嵌入对象"命令，弹出"置入嵌入的对象"对话框。选择云盘中的"Ch03 > 素材>制作"侃侃"App >制作"侃侃"App 闪屏页> 08"文件，单击"置入"按钮，将图片置入图像窗口中。将其拖曳到适当的位置并调整其大小，按 Enter 键确定操作，在"图层"控制面板中生成新的图层并将其命名为"人物 3"。

（17）按 Alt+Ctrl+G 组合键，为"人物 3"图层创建剪贴蒙版，效果如图 5-38 所示。使用相同的方法制作其他图形和图片，效果如图 5-39 所示。在"图层"控制面板中，选中"人物 7"图层。在按住 Shift 键的同时，单击"椭圆 2"图层，将需要的图层同时选取。按 Ctrl+G 组合键，群组图层并将其命名为"更多头像"，如图 5-40 所示。

图 5-37　　　　　　图 5-38　　　　　　图 5-39　　　　　　图 5-40

（18）选择"横排文字"工具 T，在适当的位置输入需要的文字并选取文字。在"字符"面板中，将"颜色"选项设为白色，其他选项的设置如图 5-41 所示。按 Enter 键确认操作，效果如图 5-42 所示。使用相同的方法输入其他文字，设置如图 5-43 所示，效果如图 5-44 所示。在"图层"控制面板中分别生成新的文字图层。"侃侃"App 的闪屏页制作完成。

图 5-41　　　　　　　图 5-42　　　　　　　图 5-43　　　　　　　图 5-44

**2．制作"侃侃"App 的欢迎页**

（1）按 Ctrl+N 组合键，新建一个文件，宽度为 750 像素，高度为 1 334 像素，分辨率为 72 像素/英寸，背景内容为白色，如图 5-45 所示。单击"创建"按钮，完成新建文档。

（2）选择"文件>置入嵌入对象"命令，弹出"置入嵌入的对象"对话框。选择云盘中的"Ch03 >素材>制作"侃侃"App >制作"侃侃"App 欢迎页> 01"文件，单击"置入"按钮，将图片置入到图像窗口中。将其拖曳到适当的位置并调整其大小，按 Enter 键确定操作，效果如图 5-46 所示，在"图层"控制面板中生成新的图层并将其命名为"底图"。

制作"侃侃"
App 的欢迎页

图 5-45　　　　　　　　　　　图 5-46

（3）选择"视图>新建参考线"命令，弹出"新建参考线"对话框，在 40 像素的位置新建一条水平参考线，设置如图 5-47 所示。单击"确定"按钮，完成参考线的创建，效果如图 5-48 所示。

（4）选择"文件>置入嵌入对象"命令，弹出"置入嵌入的对象"对话框。选择云盘中的"Ch03 >素材>制作"侃侃"App >制作"侃侃"App 欢迎页> 02"文件，单击"置入"按钮，将图片置入到图像窗口中。将图片拖曳到图像窗口中适当的位置，按 Enter 键确定操作，效果如图 5-49 所示，在"图层"控制面板中生成新的图层并将其命名为"状态栏"。

图 5-47　　　　　　图 5-48　　　　　　图 5-49

（5）选择"横排文字"工具 T，在适当的位置输入需要的文字并选取文字。在"字符"面板中，将"颜色"选项设为白色，其他选项的设置如图 5-50 所示，效果如图 5-51 所示。用相同的方法再次输入文字，设置如图 5-52 所示，效果如图 5-53 所示，在"图层"控制面板中分别生成新的文字图层。

图 5-50　　　　　　图 5-51　　　　　　图 5-52　　　　　　图 5-53

（6）选择"圆角矩形"工具 □，在属性栏的"选择工具模式"选项中选择"形状"，将"填充"颜色设为白色，"描边"颜色设为无，"半径"选项设置为 10 像素。在图像窗口中适当的位置绘制圆角矩形，在"图层"控制面板中生成新的形状图层"圆角矩形 1"。选择"窗口>属性"命令，弹出"属性"面板，设置如图 5-54 所示。按 Enter 键确认操作，效果如图 5-55 所示。

图 5-54　　　　　　图 5-55

（7）单击"图层"控制面板下方的"添加图层样式"按钮 fx，在弹出的菜单中选择"渐变叠加"命令，弹出"渐变叠加"对话框。单击"渐变"选项右侧的"点按可编辑渐变"按钮 ▬▬▬▬▬ ，弹出"渐变编辑器"对话框。在"位置"选项中分别输入 0、100 两个位置点,分别设置两个位置点颜色的 RGB 值为 0(255、134、16)、100(254、44、60),如图 5-56 所示。单击"确定"按钮,返回到"渐变叠加"对话框,其他选项的设置如图 5-57 所示。单击"确定"按钮,效果如图 5-58 所示。

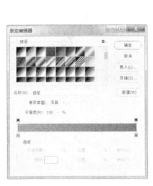 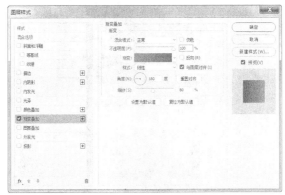 

图 5-56 图 5-57 图 5-58

(8)选择"横排文字"工具 T.,在适当的位置输入需要的文字并选取文字。在"字符"面板中,将"颜色"选项设为白色,其他选项的设置如图 5-59 所示。按 Enter 键确认操作,效果如图 5-60 所示,在"图层"控制面板中生成新的文字图层。

图 5-59 图 5-60

(9)将"圆角矩形 1"图层拖曳到"图层"控制面板下方的"创建新图层"按钮 回 上进行复制,生成新的形状图层"圆角矩形 1 拷贝"。选择"移动"工具 ⊕.,在按住 Shift 键的同时,将其向下拖曳到适当的位置。删除"圆角矩形 1 拷贝"图层的图层样式,效果如图 5-61 所示。

(10)选择"横排文字"工具 T.,在适当的位置输入需要的文字并选取文字。在"字符"面板中,将"颜色"选项设为黑色,其他选项的设置如图 5-62 所示。按 Enter 键确认操作,效果如图 5-63 所示。使用相同的方法输入其他文字。在"字符"面板中,将"颜色"选项设为白色,其他选项的设置如图 5-64 所示。按 Enter 键确认操作,效果如图 5-65 所示。

(11)按 Ctrl + O 组合键,打开云盘中的"Ch03 >素材>制作"侃侃"App >制作"侃侃"App 欢迎页> 03"文件。选择"移动"工具 ⊕.,将"QQ"图形拖曳到图像窗口中适当的位置并调整其大小,效果如图 5-66 所示,在"图层"控制面板中生成新的形状图层"QQ"。使用相同的方法拖曳其他图形到适当的位置,效果如图 5-67 所示。"侃侃"App 的欢迎页制作完成。

图 5-61　　　　图 5-62　　　　图 5-63　　　　图 5-64　　　　图 5-65

图 5-66　　　　图 5-67

**3．制作"侃侃"App 的首页**

（1）按 Ctrl+N 组合键，新建一个文件，宽度为 750 像素，高度为 4 054 像素，分辨率为 72 像素/英寸，背景内容为白色，如图 5-68 所示。单击"创建"按钮，完成新建文档。

（2）选择"视图>新建参考线"命令，弹出"新建参考线"对话框。在 40 像素的位置新建一条水平参考线，设置如图 5-69 所示。单击"确定"按钮，完成参考线的创建。

（3）选择"文件>置入嵌入对象"命令，弹出"置入嵌入的对象"对话框，选择云盘中的"Ch03 > 素材>制作"侃侃"App >制作"侃侃"App 首页> 01"文件，单击"置入"按钮，将图片置入到图像窗口中。将其拖曳到适当的位置，按 Enter 键确定操作，效果如图 5-70 所示，在"图层"控制面板中生成新的图层并将其命名为"状态栏"。

制作"侃侃"
App 的首页

图 5-68

图 5-69　　　　图 5-70

（4）选择"视图>新建参考线"命令，弹出"新建参考线"对话框。在 128 像素（距离上方参考线 88 像素）的位置新建一条水平参考线，设置如图 5-71 所示。单击"确定"按钮，完成参考线的创建，效果如图 5-72 所示。用相同的方法在 32 像素的位置新建一条垂直参考线，设置如图 5-73 所示。单击"确定"按钮，完成参考线的创建。

图 5-71            图 5-72            图 5-73

（5）用相同的方法在 375 像素（页面中心位置）和 718 像素（距离右侧 32 像素）的位置新建两条垂直参考线，效果如图 5-74 所示。

（6）选择"横排文字"工具 T，在适当的位置输入需要的文字并选取文字。在"字符"面板中，将"颜色"选项设为黑色，其他选项的设置如图 5-75 所示。按 Enter 键确认操作，效果如图 5-76 所示，在"图层"控制面板中生成新的文字图层。

图 5-74            图 5-75            图 5-76

（7）按 Ctrl+O 组合键，打开云盘中的"Ch03>素材>制作"侃侃"App >制作"侃侃"App 首页> 02"文件。选择"移动"工具 ✛，将"编辑"图形拖曳到图像窗口中适当的位置并调整其大小，效果如图 5-77 所示，在"图层"控制面板中生成新的形状图层"编辑"。在按住 Shift 键的同时，在"图层"控制面板中单击"发现"图层，将需要的图层同时选取。按 Ctrl+G 组合键，群组图层并将其命名为"导航栏"，如图 5-78 所示。

图 5-77            图 5-78

（8）选择"视图>新建参考线"命令，弹出"新建参考线"对话框。在 168 像素（距离上方参考线 40 像素）的位置新建一条水平参考线，设置如图 5-79 所示。单击"确定"按钮，完成参考线的创建，效果如图 5-80 所示。用相同的方法在 416 像素（距离上方参考线 248 像素）的位置新建一条水平参考线，效果如图 5-81 所示。

图 5-79    图 5-80    图 5-81

（9）选择"圆角矩形"工具 ◻️，在属性栏中将"填充"颜色设为白色，"半径"选项设置为 26 像素，在图像窗口中适当的位置绘制圆角矩形，效果如图 5-82 所示，在"图层"控制面板中生成新的形状图层"圆角矩形 1"。

（10）单击"图层"控制面板下方的"添加图层样式"按钮 fx，在弹出的菜单中选择"投影"命令，弹出"投影"对话框。将阴影颜色设为黑色，其他选项的设置如图 5-83 所示。单击"确定"按钮，效果如图 5-84 所示。

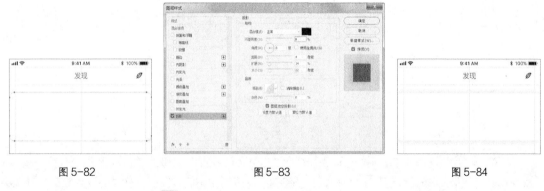

图 5-82    图 5-83    图 5-84

（11）选择"椭圆"工具 ◯，在按住 Shift 键的同时，在图像窗口中适当的位置绘制圆形，效果如图 5-85 所示。在属性栏中将"填充"颜色设为黑色，在"图层"控制面板中生成新的形状图层"椭圆 1"。

（12）按 Ctrl+J 组合键，复制图层，在"图层"控制面板中生成新的形状图层并将其命名为"椭圆 2"。选择"移动"工具 ✛，在按住 Shift 键的同时，将图层拖曳到适当的位置，如图 5-86 所示。单击图层左侧的眼睛图标 👁，隐藏该图层，并选中"椭圆 1"图层。

（13）选择"文件>置入嵌入对象"命令，弹出"置入嵌入的对象"对话框。选择云盘中的"Ch03 >素材>制作"侃侃"App >制作"侃侃"App 首页> 03"文件，单击"置入"按钮，将图片置入到图像窗口中。将其拖曳到适当的位置并调整其大小，按 Enter 键确定操作，在"图层"控制面板中生成新的图层并将其命名为"头像 1"。按 Alt+Ctrl+G 组合键，为"头像 1"图层创建剪贴蒙版，效果如图 5-87 所示。

图 5-85            图 5-86            图 5-87

（14）选择"横排文字"工具 T，在适当的位置输入需要的文字并选取文字。在"字符"面板中，将"颜色"选项设为浅蓝色（132、144、166），其他选项的设置如图 5-88 所示。按 Enter 键确认操作，效果如图 5-89 所示，在"图层"控制面板中生成新的文字图层。

（15）选中"椭圆 2"图层，单击图层左侧的空白图标，显示该图层，效果如图 5-90 所示。

图 5-88            图 5-89            图 5-90

（16）单击"图层"控制面板下方的"添加图层样式"按钮 fx，在弹出的菜单中选择"渐变叠加"命令，弹出"渐变叠加"对话框。单击"渐变"选项右侧的"点按可编辑渐变"按钮，弹出"渐变编辑器"对话框，在"位置"选项中分别输入 0、100 两个位置点，分别设置两个位置点颜色的 RGB 值为 0（255、134、16）、100（254、44、60），如图 5-91 所示。单击"确定"按钮，返回到"渐变叠加"对话框，其他选项的设置如图 5-92 所示。单击"确定"按钮，效果如图 5-93 所示。

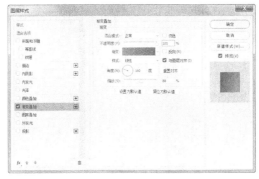

图 5-91            图 5-92            图 5-93

（17）在"02"图像窗口中选中"相机"图层，选择"移动"工具，将其拖曳到图像窗口中适当的位置并调整其大小，效果如图 5-94 所示，在"图层"控制面板中生成新的形状图层"相机"。

（18）选择"横排文字"工具 T，在适当的位置输入需要的文字并选取文字。在"字符"面板中，将"颜色"选项设为黑色，其他选项的设置如图 5-95 所示。按 Enter 键确认操作，效果如图 5-96

所示，在"图层"控制面板中生成新的文字图层。

| 图 5-94 | 图 5-95 | 图 5-96 |

（19）在按住 Shift 键的同时，单击"椭圆 2"图层，将需要的图层同时选取。按 Ctrl+G 组合键，群组图层并将其命名为"照片"，如图 5-97 所示。使用相同的方法制作"想法"和"位置"图层组，效果如图 5-98 所示。在按住 Shift 键的同时，单击"圆角矩形 1"图层，将需要的图层同时选取，群组图层并将其命名为"发表"，如图 5-99 所示。

| 图 5-97 | 图 5-98 | 图 5-99 |

（20）选择"视图>新建参考线"命令，弹出"新建参考线"对话框。在 446 像素（距离上方参考线 30 像素）的位置新建一条水平参考线，设置如图 5-100 所示。单击"确定"按钮，完成参考线的创建，效果如图 5-101 所示。用相同的方法在 1 526 像素的位置新建一条水平参考线，如图 5-102 所示。

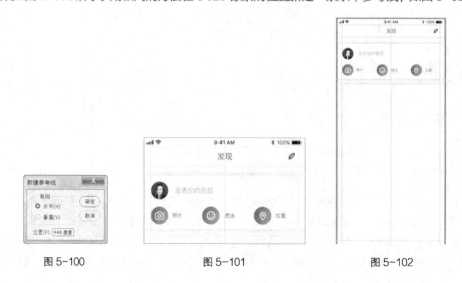

| 图 5-100 | 图 5-101 | 图 5-102 |

（21）选择"圆角矩形"工具 ◻，，在属性栏中将"填充"颜色设为白色，"半径"选项设置为 26
像素，在图像窗口中适当的位置绘制圆角矩形，效果如图 5-103 所示，在"图层"控制面板中生成新
的形状图层"圆角矩形 2"。单击"图层"控制面板下方的"添加图层样式"按钮 *fx*，，在弹出的菜单
中选择"投影"命令，弹出"投影"对话框，将阴影颜色设为黑色，其他选项的设置如图 5-104 所
示。单击"确定"按钮，效果如图 5-105 所示。

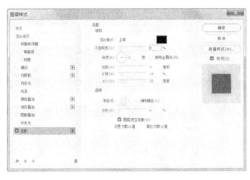

图 5-103 　　　　　　　　　　　　　图 5-104 　　　　　　　　　　　　　图 5-105

（22）选择"椭圆"工具 ○，，在按住 Shift 键的同时，在图像窗口中拖曳鼠标绘制圆形。在属
性栏中将"填充"颜色设为黑色，"描边"颜色设为无，效果如图 5-106 所示，在"图层"控制面
板中生成新的形状图层"椭圆 5"。单击"图层"控制面板下方的"添加图层样式"按钮 *fx*，，在弹
出的菜单中选择"渐变叠加"命令，单击"渐变"选项右侧的"点按可编辑渐变"按钮 ▤ ，
弹出"渐变编辑器"对话框。在"位置"选项中分别输入 0、100 两个位置点，分别设置两个位置
点颜色的 RGB 值为 0（255、134、16）、100（254、44、60），如图 5-107 所示。单击"确定"
按钮，返回到"渐变叠加"对话框，其他选项的设置如图 5-108 所示。单击"确定"按钮，效果如
图 5-109 所示。

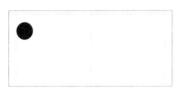

图 5-106 　　　　　　　　　　　　　图 5-107

（23）选择"椭圆"工具 ○，，在按住 Shift 键的同时，在图像窗口中拖曳鼠标绘制圆形，在"图层"
控制面板中生成新的形状图层"椭圆 6"。在属性栏中将"填充"颜色设为黑色，"描边"颜色设为无，
效果如图 5-110 所示。

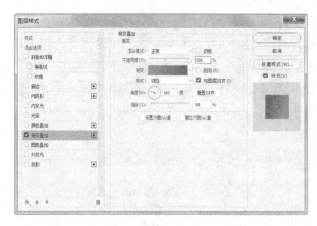

图 5-108                                     图 5-109

（24）选择"文件>置入嵌入对象"命令，弹出"置入嵌入的对象"对话框，选择云盘中的"Ch03 >素材>制作"侃侃"App >制作"侃侃"App 首页> 04"文件，单击"置入"按钮，将图片置入到图像窗口中。将其拖曳到适当的位置并调整其大小，按 Enter 键确定操作，效果如图 5-111 所示，在"图层"控制面板中生成新的图层并将其命名为"头像 2"。按 Alt+Ctrl+G 组合键，为"头像 2"图层创建剪贴蒙版，效果如图 5-112 所示。

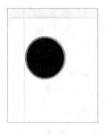

图 5-110                           图 5-111                           图 5-112

（25）选择"横排文字"工具 T，在适当的位置输入需要的文字并选取文字。在"字符"面板中，将"颜色"选项设为黑色，其他选项的设置如图 5-113 所示。按 Enter 键确认操作，效果如图 5-114 所示。使用相同的方法输入其他文字，在"字符"面板中，将"颜色"设为浅蓝色（162、169、183），其他选项的设置如图 5-115 所示，按 Enter 键确认操作，效果如图 5-116 所示。使用相同的方法输入其他文字，效果如图 5-117 所示，在"图层"控制面板中分别生成新的文字图层。

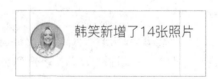

图 5-113                           图 5-114                           图 5-115

图 5-116                  图 5-117

（26）在"02"图像窗口中分别选中"定位"和"更多"图层，选择"移动"工具 ⊕，将其拖曳到图像窗口中适当的位置并调整其大小，效果如图 5-118 所示，在"图层"控制面板中生成新的形状图层"定位"和"更多"。在"图层"控制面板中，选中"更多"图层，在按住 Shift 键的同时，单击"椭圆 5"图层，将需要的图层同时选取。按 Ctrl+G 组合键，群组图层并将其命名为"更多"，如图 5-119 所示。

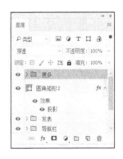

图 5-118                  图 5-119

（27）选择"矩形"工具 ▢，在属性栏的"选择工具模式"选项中选择"形状"，将"填充"颜色设为黑色，"描边"颜色设为无。在图像窗口中适当的位置绘制矩形，效果如图 5-120 所示，在"图层"控制面板中生成新的形状图层"矩形 1"。

（28）选择"文件>置入嵌入对象"命令，弹出"置入嵌入的对象"对话框。选择云盘中的"Ch03 >素材>制作"侃侃"App >制作"侃侃"App 首页> 05"文件，单击"置入"按钮，将图片置入图像窗口中。将其拖曳到适当的位置并调整其大小，按 Enter 键确定操作，效果如图 5-121 所示，在"图层"控制面板中生成新的图层并将其命名为"照片 1"。按 Alt+Ctrl+G 组合键，为"照片1"图层创建剪贴蒙版，效果如图 5-122 所示。

图 5-120           图 5-121           图 5-122

（29）使用相同的方法制作其他图片，效果如图 5-123 所示。用上述方法群组图层，并将其命名为"照片"。在"02"图像窗口中选中"喜欢"图层，选择"移动"工具 ⊕，将其拖曳到图像窗口中适当的位置并调整其大小，效果如图 5-124 所示，在"图层"控制面板中生成新的形状图层"喜欢"。

图 5-123

图 5-124

（30）选择"横排文字"工具 **T.**，在适当的位置输入需要的文字并选取文字。在"字符"面板中，将"颜色"设为黑色，其他选项的设置如图 5-125 所示。按 Enter 键确认操作，效果如图 5-126 所示，在"图层"控制面板中生成新的文字图层。

图 5-125

图 5-126

（31）使用相同的方法将需要的形状图层拖曳到适当的位置并输入文字，效果如图 5-127 所示。在按住 Shift 键的同时，在"图层"控制面板中单击"喜欢"图层，将需要的图层同时选取。按 Ctrl+G 组合键，群组图层并将其命名为"评论栏"。在按住 Shift 键的同时，单击"圆角矩形 2"图层，将需要的图层同时选取。按 Ctrl+G 组合键，群组图层并将其命名为"韩笑"，如图 5-128 所示。

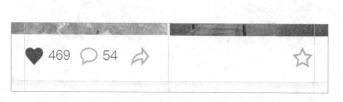

图 5-127

图 5-128

（32）选择"视图>新建参考线"命令，弹出"新建参考线"对话框。在 1 556 像素（距离上方参考线 30 像素）的位置新建一条水平参考线，设置如图 5-129 所示。单击"确定"按钮，完成参考线的创建，效果如图 5-130 所示。用相同的方法在 2 256 像素（距离上方参考线 700 像素）的位置新建一条水平参考线，效果如图 5-131 所示。

图 5-129                     图 5-130                     图 5-131

（33）选择"圆角矩形"工具 □.，在属性栏中将"填充"颜色设为白色，"半径"选项设置为 26 像素。在图像窗口中适当的位置绘制圆角矩形，效果如图 5-132 所示，在"图层"控制面板中生成新的形状图层"圆角矩形 3"。单击"图层"控制面板下方的"添加图层样式"按钮 fx.，在弹出的菜单中选择"投影"命令，弹出"投影"对话框。将阴影颜色设为黑色，其他选项的设置如图 5-133 所示。单击"确定"按钮，效果如图 5-134 所示。

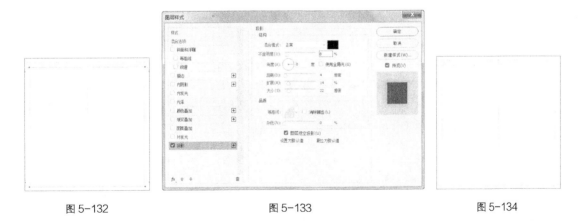

图 5-132                     图 5-133                     图 5-134

（34）用上述方法制作图片、文字和形状，效果如图 5-135 所示。选择"矩形"工具 □.，在图像窗口中适当的位置绘制矩形，在属性栏中将"填充"颜色设为黑色，"描边"颜色设为无，效果如图 5-136 所示，在"图层"控制面板中生成新的形状图层"矩形 6"。

（35）选择"文件>置入嵌入对象"命令，弹出"置入嵌入的对象"对话框。选择云盘中的"Ch03 >素材>制作"侃侃"App >制作"侃侃"App 首页> 11"文件，单击"置入"按钮，将图片置入到图像窗口中。将其拖曳到适当的位置并调整其大小，按 Enter 键确定操作，在"图层"控制面板中生成新的图层并将其命名为"视频"。按 Alt+Ctrl+G 组合键，为"视频"图层创建剪贴蒙版，效果如图 5-137 所示。

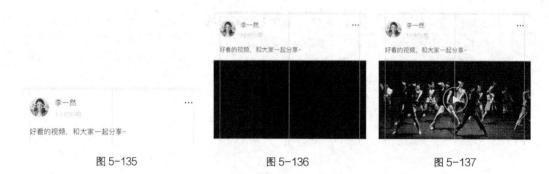

图 5-135 图 5-136 图 5-137

（36）使用上述方法拖曳需要的形状到适当的位置并输入文字，效果如图 5-138 所示。用上述方法群组图层并将其命名为"李一然"，如图 5-139 所示。

图 5-138 图 5-139

（37）选择"视图>新建参考线"命令，弹出"新建参考线"对话框。在 2 286 像素（距离上方参考线 30 像素）的位置新建一条水平参考线，设置如图 5-140 所示。单击"确定"按钮，完成参考线的创建，效果如图 5-141 所示。用相同的方法在 3 106 像素（距离上方参考线 820 像素）的位置新建一条水平参考线，效果如图 5-142 所示。

图 5-140 图 5-141 图 5-142

（38）选择"圆角矩形"工具 ☐，在属性栏中将"填充"颜色设为白色，"描边"颜色设为无，"半径"选项设置为 26 像素。在图像窗口中适当的位置绘制圆角矩形，在"图层"控制面板中生成新的形状图层"圆角矩形 4"，效果如图 5-143 所示。单击"图层"控制面板下方的"添加图层样式"

按钮 fx，在弹出的菜单中选择"投影"命令，弹出"投影"对话框，将阴影颜色设为黑色，其他选项的设置如图 5-144 所示。单击"确定"按钮，效果如图 5-145 所示。

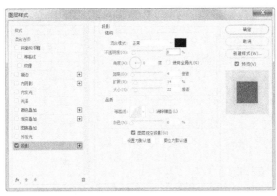

图 5-143           图 5-144           图 5-145

（39）用上述方法制作图片、文字和形状，效果如图 5-146 所示。选择"矩形"工具 □，在属性栏中将"填充"颜色设为黑色，在图像窗口中适当的位置绘制矩形，效果如图 5-147 所示，在"图层"控制面板中生成新的形状图层"矩形 7"。

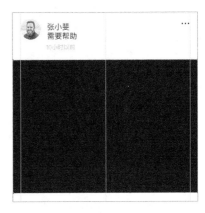

图 5-146                 图 5-147

（40）单击"图层"控制面板下方的"添加图层样式"按钮 fx，在弹出的菜单中选择"渐变叠加"命令，弹出"渐变叠加"对话框。单击"渐变"选项右侧的"点按可编辑渐变"按钮，弹出"渐变编辑器"对话框。在"位置"选项中分别输入 0、100 两个位置点，分别设置两个位置点颜色的 RGB 值为 0（255、134、16）、100（254、44、60），如图 5-148 所示。单击"确定"按钮，返回到"渐变叠加"对话框，其他选项的设置如图 5-149 所示。单击"确定"按钮，效果如图 5-150 所示。

（41）选择"横排文字"工具 T，在适当的位置输入需要的文字并选取文字。在"字符"面板中，将"颜色"选项设为白色，其他选项的设置如图 5-151 所示。按 Enter 键确认操作，在"图层"控制面板中生成新的文字图层，效果如图 5-152 所示。

（42）使用相同的方法拖曳需要的形状到适当的位置并输入文字，效果如图 5-153 所示。用上述方法群组图层并将其命名为"张小斐"，如图 5-154 所示。

图 5-148                     图 5-149                     图 5-150

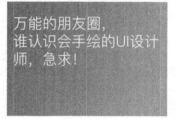

图 5-151                             图 5-152

图 5-153                       图 5-154

（43）选择"视图>新建参考线"命令，弹出"新建参考线"对话框。在 3 136 像素（距离上方参考线 30 像素）的位置新建一条水平参考线，设置如图 5-155 所示。单击"确定"按钮，完成参考线的创建，效果如图 5-156 所示。

图 5-155                             图 5-156

（44）使用相同的方法拖曳需要的形状到适当的位置并输入文字，效果如图 5-157 所示。用上述方法群组图层并将其命名为"张明"，如图 5-158 所示。

图 5-157                                                    图 5-158

（45）选择"圆角矩形"工具 ◯，在属性栏中将"填充"颜色设为白色。在距离上方圆角矩形 30 像素的位置绘制圆角矩形，在"图层"控制面板中生成新的形状图层"圆角矩形 6"。在"属性"面板中设置参数，如图 5-159 所示。按 Enter 键确认操作，效果如图 5-160 所示。

图 5-159                                                    图 5-160

（46）单击"图层"控制面板下方的"添加图层样式"按钮 fx，在弹出的菜单中选择"投影"命令，弹出"投影"对话框。将阴影颜色设为黑色，其他选项的设置如图 5-161 所示。单击"确定"按钮，效果如图 5-162 所示。

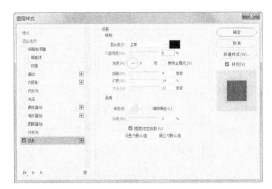

图 5-161                                                    图 5-162

（47）选择"椭圆"工具 ○，，在按住 Shift 键的同时，在图像窗口中拖曳鼠标绘制圆形。在属性栏中将"填充"颜色设为黑色，"描边"颜色设为无，效果如图 5-163 所示，在"图层"控制面板中生成新的形状图层"椭圆 11"。在"02"图像窗口中选中"主页"图层，选择"移动"工具 ↔，，将其拖曳到图像窗口中适当的位置并调整其大小，效果如图 5-164 所示，在"图层"控制面板中生成新的形状图层"主页"。

图 5-163                                              图 5-164

（48）用相同的方法拖曳其他需要的形状到适当的位置，效果如图 5-165 所示。选择"椭圆"工具 ○，，在按住 Shift 键的同时，在图像窗口中适当的位置绘制圆形，在"图层"控制面板中生成新的形状图层"椭圆 12"。在属性栏中将"填充"颜色设为红色（255、0、0），效果如图 5-166 所示。

图 5-165                                              图 5-166

（49）选择"横排文字"工具 T，，在适当的位置输入需要的文字并选取文字。在"字符"面板中，将"颜色"选项设为白色，其他选项的设置如图 5-167 所示。按 Enter 键确认操作，在"图层"控制面板中生成新的文字图层，效果如图 5-168 所示。在按住 Shift 键的同时，在"图层"控制面板中单击"圆角矩形 6"图层，将需要的图层同时选取。按 Ctrl+G 组合键，群组图层并将其命名为"标签栏"。"侃侃"App 首页制作完成。

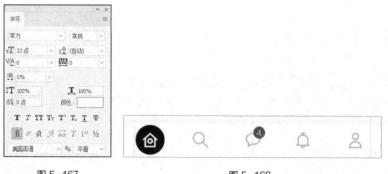

图 5-167                                              图 5-168

**4. 制作"侃侃"App 的消息列表页**

（1）按 Ctrl+N 组合键，新建一个文件，宽度为 750 像素，高度为 1 334 像素，分辨率为 72 像素/英寸，背景内容为白色，如图 5-169 所示。单击"创建"按钮，完成新建文档。

（2）选择"视图>新建参考线"命令，弹出"新建参考线"对话框，在 40 像素的位置新建一条水平参考线，设置如图 5-170 所示。单击"确定"按钮，完成参考线的创建。选择"文件>置入嵌入对象"命令，弹出"置入嵌入的对象"对话框，选择云盘中的"Ch03 >素材>制作"侃侃"App >制作"侃侃"App 消息列表页> 01"文件，单击"置入"按钮，将图片置入到图像窗口中。将其拖曳到适当的位置，按 Enter 键确定操作，效果如图 5-171 所示，在"图层"控制面板中生成新的图层并将其命名为"状态栏"。

制作"侃侃"App
的消息列表页

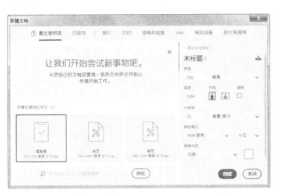

图 5-169          图 5-170          图 5-171

（3）选择"视图>新建参考线"命令，弹出"新建参考线"对话框。在 128 像素（距离上方参考线 88 像素）的位置新建一条水平参考线，设置如图 5-172 所示。单击"确定"按钮，完成参考线的创建，效果如图 5-173 所示。用相同的方法再次在 32 像素的位置创建一条垂直参考线，设置如图 5-174 所示，单击"确定"按钮，完成参考线的创建，效果如图 5-175 所示。

图 5-172          图 5-173          图 5-174          图 5-175

（4）用相同的方法，在 718 像素（距离右侧 32 像素）的位置新建一条垂直参考线，效果如图 5-176 所示。

（5）选择"横排文字"工具 T，在适当的位置输入需要的文字并选取文字。在"字符"面板中，将"颜色"选项设为黑色，其他选项的设置如图 5-177 所示，效果如图 5-178 所示，在"图层"控制面板中生成新的文字图层。

图 5-176          图 5-177          图 5-178

（6）用相同的方法，选择"横排文字"工具 T，在适当的位置输入需要的文字并选取文字。在

"字符"面板中，将"颜色"选项设为浅蓝色（136、145、164），其他选项的设置如图 5-179 所示，效果如图 5-180 所示，在"图层"控制面板中生成新的文字图层。

图 5-179                              图 5-180

（7）按 Ctrl＋O 组合键，打开云盘中的"Ch03>素材>制作"侃侃"App >制作"侃侃"App 消息列表页> 02"文件。选择"移动"工具 ⊕，将"编辑"图形拖曳到图像窗口中适当的位置并调整其大小，效果如图 5-181 所示，在"图层"控制面板中生成新的形状图层"编辑"。在按住 Shift 键的同时，单击"消息"图层，将需要的图层同时选取。按 Ctrl+G 组合键，群组图层并将其命名为"导航栏"，如图 5-182 所示。

图 5-181                              图 5-182

（8）选择"视图>新建参考线"命令，弹出"新建参考线"对话框。在 168 像素（距离上方参考线 40 像素）的位置新建一条参考线，设置如图 5-183 所示。单击"确定"按钮，完成参考线的创建，效果如图 5-184 所示。用相同的方法在 288 像素（距离上方参考线 120 像素）的位置新建一条水平参考线，效果如图 5-185 所示。

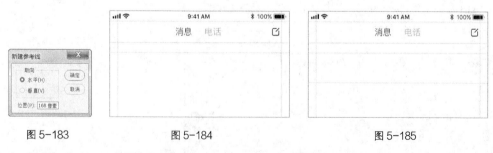

图 5-183                    图 5-184                              图 5-185

（9）选择"椭圆"工具 ○，在按住 Shift 键的同时，在图像窗口中适当的位置绘制圆形。在属性栏中将"填充"颜色设为黑色，"描边"颜色设为无，效果如图 5-186 所示，在"图层"控制面板中生成新的形状图层"椭圆 1"。单击属性栏中的"路径操作"按钮 □，在弹出的菜单中选择"减去顶层形状"，在按住 Alt+Shift 组合键的同时，在图像窗口中拖曳鼠标绘制圆形，效果如图 5-187 所示。

图 5-186　　　　　　　　　　　　　图 5-187

（10）选择"文件>置入嵌入对象"命令，弹出"置入嵌入的对象"对话框。选择云盘中的"Ch03 > 素材>制作'侃侃'App >制作'侃侃'App 消息列表页> 03"文件，单击"置入"按钮，将图片置入到图像窗口中。将其拖曳到适当的位置并调整其大小，按 Enter 键确定操作，效果如图 5-188 所示，在"图层"控制面板中生成新的图层并将其命名为"头像 1"。按 Alt+Ctrl+G 组合键，为"头像 1"图层创建剪贴蒙版，效果如图 5-189 所示。

（11）选择"椭圆"工具 ○,，在属性栏中将"填充"颜色设为绿色（44、197、50）。在按住 Shift 键的同时，在图像窗口中适当的位置绘制圆形，在"图层"控制面板中生成新的形状图层"椭圆 2"，效果如图 5-190 所示。

图 5-188　　　　　　　　　　　图 5-189　　　　　　　　图 5-190

（12）选择"横排文字"工具 T.，在适当的位置输入需要的文字并选取文字。在"字符"面板中，将"颜色"选项设为黑色，其他选项的设置如图 5-191 所示。按 Enter 键确认操作，效果如图 5-192 所示，在"图层"控制面板中生成新的文字图层。

（13）用相同的方法在适当的位置输入需要的文字并选取文字。在"字符"面板中，将"颜色"选项设为浅蓝色（136、145、164），其他选项的设置如图 5-193 所示。按 Enter 键确认操作，效果如图 5-194 所示，在"图层"控制面板中生成新的文字图层。使用相同的方法输入其他文字，效果如图 5-195 所示。

（14）选择"椭圆"工具 ○.，在属性栏中将"填充"颜色设为粉红色（254、32、66），"描边"颜色设为无。在按住 Shift 键的同时，在图像窗口中适当的位置绘制圆形，在"图层"控制面板中生成新的形状图层"椭圆 3"，效果如图 5-196 所示。

（15）选择"横排文字"工具 T.，在适当的位置输入需要的文字并选取文字。在"字符"面板中，将"颜色"选项设为白色，其他选项的设置如图 5-197 所示。按 Enter 键确认操作，在"图层"控制面板中生成新的文字图层，效果如图 5-198 所示。在按住 Shift 键的同时，选中"椭圆 1"图层，按 Ctrl+G 组合键，群组图层并将其命名为"田恩瑞"。

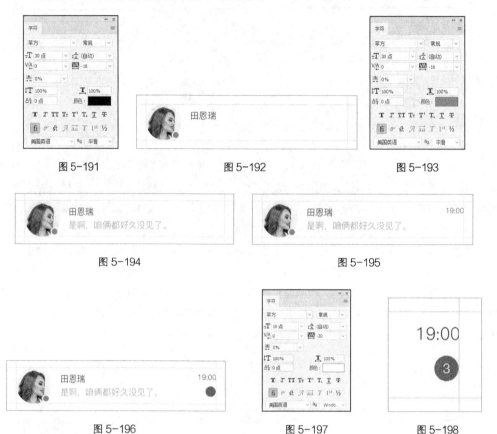

图 5-191                    图 5-192                    图 5-193

图 5-194                                        图 5-195

图 5-196                    图 5-197                    图 5-198

（16）选择"视图>新建参考线"命令，弹出"新建参考线"对话框。在 318 像素（距离上方参考线 30 像素）的位置新建一条参考线，设置如图 5-199 所示。单击"确定"按钮，完成参考线的创建，如图 5-200 所示。使用上述方法制作其他人物栏，效果如图 5-201 所示。

图 5-199                    图 5-200                    图 5-201

（17）选择"圆角矩形"工具 ◻，在属性栏中将"填充"颜色设为白色。在距离上方圆角矩形 30 像素的位置绘制圆角矩形，在"图层"控制面板中生成新的形状图层"圆角矩形 1"。在"属性"面板中设置参数，如图 5-202 所示，按 Enter 键确认操作，效果如图 5-203 所示。

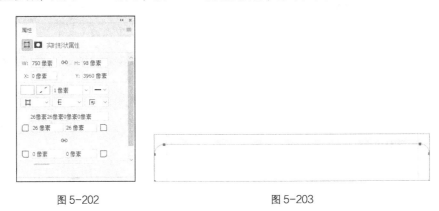

图 5-202                    图 5-203

（18）单击"图层"控制面板下方的"添加图层样式"按钮 fx，在弹出的菜单中选择"投影"命令，弹出"投影"对话框。将阴影颜色设为黑色，其他选项的设置如图 5-204 所示。单击"确定"按钮，效果如图 5-205 所示。

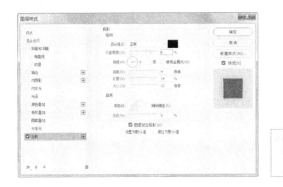

图 5-204                    图 5-205

（19）在"02"图像窗口中选中"主页"图层，选择"移动"工具 ✛，将其拖曳到图像窗口中适当的位置并调整其大小，效果如图 5-206 所示，在"图层"控制面板中生成新的形状图层"主页"。选择"椭圆"工具 ◯，在按住 Shift 键的同时，在图像窗口中适当的位置绘制圆形。在属性栏中将"填充"颜色设为黑色，"描边"颜色设为无，在"图层"控制面板中生成新的形状图层"椭圆 7"，效果如图 5-207 所示。

图 5-206                    图 5-207

（20）用相同的方法拖曳其他需要的形状到适当的位置，效果如图 5-208 所示。选择"椭圆"工具 ◯，在按住 Shift 键的同时，在图像窗口中适当的位置绘制圆形。在属性栏中将"填充"颜色设为红色（255、0、0），"描边"颜色设为无，效果如图 5-209 所示，在"图层"控制面板中生成新的形状图层"椭圆 8"。

| 图 5-208 | 图 5-209 |

（21）选择"横排文字"工具 T，在适当的位置输入需要的文字并选取文字。在"字符"面板中，将"颜色"选项设为白色，其他选项的设置如图 5-210 所示。按 Enter 键确认操作，在"图层"控制面板中生成新的文字图层，效果如图 5-211 所示。在按住 Shift 键的同时，选中"圆角矩形 1"图层，将需要的图层全部选取。按 Ctrl+G 组合键，群组图层并将其命名为"标签栏"。"侃侃"App 的消息列表页制作完成。

| 图 5-210 | 图 5-211 |

**5. 制作"侃侃"App 的聊天页**

（1）按 Ctrl+N 组合键，新建一个文件，宽度为 750 像素，高度为 1 334 像素，分辨率为 72 像素/英寸，背景内容为白色，如图 5-212 所示，单击"创建"按钮，完成新建文档。

（2）选择"视图>新建参考线"命令，弹出"新建参考线"对话框。在 40 像素的位置新建一条水平参考线，设置如图 5-213 所示。单击"确定"按钮，完成参考线的创建。选择"文件>置入嵌入对象"命令，弹出"置入嵌入的对象"对话框。选择云盘中的"Ch03 >素材>制作"侃侃"App >制作"侃侃"App 消息聊天页> 01"文件，单击"置入"按钮，将图片置入到图像窗口中。将其拖曳到适当的位置，按 Enter 键确定操作，效果如图 5-214 所示，在"图层"控制面板中生成新的图层并将其命名为"状态栏"。

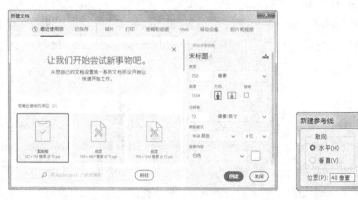

制作"侃侃"
App 的聊天页

| 图 5-212 | 图 5-213 | 图 5-214 |

（3）选择"视图>新建参考线"命令，弹出"新建参考线"对话框。在 128 像素（距离上方参考线 88 像素）的位置新建一条水平参考线，设置如图 5-215 所示。单击"确定"按钮，完成参考线的创建，效果如图 5-216 所示。用相同的方法再次在 32 像素的位置创建一条垂直参考线，设置如图 5-217 所示。单击"确定"按钮，完成参考线的创建，效果如图 5-218 所示。

图 5-215　　　　　　　图 5-216　　　　　　　图 5-217　　　　　　　图 5-218

（4）用相同的方法在 718 像素（距离右侧 32 像素）的位置新建一条垂直参考线，效果如图 5-219 所示。

（5）按 Ctrl + O 组合键，打开云盘中的"Ch03>素材>制作"侃侃"App >制作"侃侃"App 消息聊天页> 02"文件。选择"移动"工具 ⊕，将"返回"图形拖曳到图像窗口中适当的位置并调整其大小，效果如图 5-220 所示，在"图层"控制面板中生成新的形状图层"返回"。

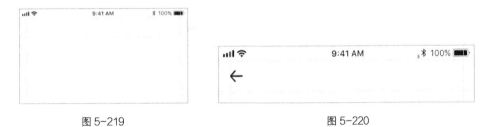

图 5-219　　　　　　　　　　　　　　图 5-220

（6）选择"横排文字"工具 T，在适当的位置输入需要的文字并选取文字。在"字符"面板中，将"颜色"选项设为黑色，其他选项的设置如图 5-221 所示。按 Enter 键确认操作，效果如图 5-222 所示，在"图层"控制面板中生成新的文字图层。

图 5-221　　　　　　　　　　　　　　图 5-222

（7）用相同的方法在适当的位置输入需要的文字并选取文字。在"字符"面板中，将"颜色"选项设为浅蓝色（147、156、173），其他选项的设置如图 5-223 所示。按 Enter 键确认操作，效果如图 5-224 所示，在"图层"控制面板中生成新的文字图层。

图 5-223

图 5-224

（8）在"02"图像窗口中，在按住 Shift 键的同时，选中"相机"和"电话"图层。选择"移动"工具 ⊕.，将"相机"和"电话"图形拖曳到图像窗口中适当的位置并调整其大小，效果如图 5-225 所示，在"图层"控制面板中生成新的形状图层"相机"和"电话"。在按住 Shift 键的同时，选中"返回"图层。按 Ctrl+G 组合键，群组图层并将其命名为"导航栏"，如图 5-226 所示。

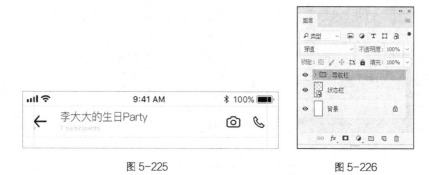

图 5-225

图 5-226

（9）选择"圆角矩形"工具 ◯.，在属性栏中将"填充"颜色设为黑色，在图像窗口中适当的位置绘制圆角矩形，在"图层"控制面板中生成新的形状图层并将其命名为"文字底图"。在"属性"面板中设置参数，如图 5-227 所示。按 Enter 键确认操作，效果如图 5-228 所示。

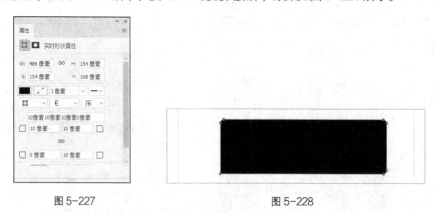

图 5-227

图 5-228

（10）选择"添加锚点"工具 ∅.，在图形上单击鼠标左键添加一个锚点，效果如图 5-229 所示。选择"直接选择"工具 ▷.，选中左下角的锚点。在按住 Shift 键的同时，向左拖曳鼠标，效果如图 5-230 所示。

图 5-229

图 5-230

（11）单击"图层"控制面板下方的"添加图层样式"按钮 $fx$ ，在弹出的菜单中选择"渐变叠加"命令，弹出"渐变叠加"对话框。单击"渐变"选项右侧的"点按可编辑渐变"按钮 ，弹出"渐变编辑器"对话框。在"位置"选项中分别输入 0、100 两个位置点，分别设置两个位置点颜色的 RGB 值为 0（255、134、16）、100（254、44、60），如图 5-231 所示。单击"确定"按钮，返回到"渐变叠加"对话框，其他选项的设置如图 5-232 所示。单击"确定"按钮，效果如图 5-233 所示。

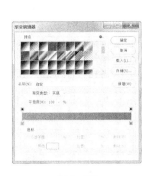
图 5-231

图 5-232

图 5-233

（12）选择"横排文字"工具 $T$ ，在适当的位置输入需要的文字并选取文字。在"字符"面板中，将"颜色"选项设为白色，其他选项的设置如图 5-234 所示。按 Enter 键确认操作，效果如图 5-235 所示，在"图层"控制面板中生成新的文字图层。

图 5-234

图 5-235

（13）选择"椭圆"工具 ◯，在属性栏中将"填充"颜色设为黑色。在按住 Shift 键的同时，在图像窗口中适当的位置绘制圆形，效果如图 5-236 所示，在"图层"控制面板中生成新的形状图层"椭圆 1"。

（14）选择"文件>置入嵌入对象"命令，弹出"置入嵌入的对象"对话框。选择云盘中的"Ch03 >素材>制作"侃侃" App >制作"侃侃" App 消息聊天页> 03"文件，单击"置入"按钮，将图片置入到图像窗口中。将其拖曳到适当的位置并调整其大小，按 Enter 键确定操作，效果如图 5-237 所示，在"图层"控制面板中生成新的图层并将其命名为"头像 1"。

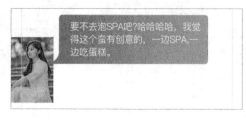

图 5-236　　　　　　　　　　　　　　　　图 5-237

（15）按 Alt+Ctrl+G 组合键，为"头像 1"图层创建剪贴蒙版，效果如图 5-238 所示。在按住 Shift 键的同时，单击"文字底图"图层，将需要的图层同时选取，按 Ctrl+G 组合键，群组图层并将其命名为"内容 1"。使用上述方法制作"内容 2"~"内容 6"图层组（内容栏的间距为 30 像素），效果如图 5-239 所示。在按住 Shift 键的同时，将图层组同时选取，按 Ctrl+G 组合键，群组图层并将其命名为"内容区"。

图 5-238　　　　　　　　　　　　　　　　图 5-239

（16）选择"矩形"工具 ▢，在距离上方内容栏 30 像素的位置绘制矩形。在属性栏中将"填充"颜色设为白色，效果如图 5-240 所示，在"图层"控制面板中生成新的形状图层"矩形 1"。

图 5-240

（17）单击"图层"控制面板下方的"添加图层样式"按钮 fx，在弹出的菜单中选择"投影"命令，弹出"投影"对话框。将阴影颜色设为黑色，其他选项的设置如图 5-241 所示，单击"确定"按钮，效果如图 5-242 所示。

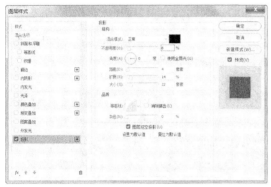

图 5-241　　　　　　　　　　　　　　　　　　　图 5-242

（18）选择"圆角矩形"工具 ▢，，在属性栏中将"半径"选项设置为 14 像素。在图像窗口中适当的位置绘制圆角矩形。在属性栏中将"填充"颜色设为浅蓝色（224、226、231），效果如图 5-243 所示，在"图层"控制面板中生成新的形状图层"圆角矩形 3"。

（19）在"02"图像窗口中选中"添加"图层，选择"移动"工具 ✛，，将其拖曳到图像窗口中适当的位置并调整其大小，效果如图 5-244 所示，在"图层"控制面板中生成新的形状图层"添加"。

图 5-243　　　　　　　　　　　　　　　　　　　图 5-244

（20）用相同的方法拖曳其他需要的形状到适当的位置，效果如图 5-245 所示。选择"横排文字"工具 T，，在适当的位置输入需要的文字并选取文字。在"字符"面板中，将"颜色"选项设为黑色，其他选项的设置如图 5-246 所示。按 Enter 键确认操作，效果如图 5-247 所示，在"图层"控制面板中生成新的文字图层。

图 5-245　　　　　　　　　　　图 5-246　　　　　　图 5-247

（21）选择"直线"工具 ╱，，在属性栏中将"填充"颜色设为无，"描边"颜色设为黑色，将"粗细"选项设为 1 像素。在按住 Shift 键的同时，在适当的位置拖曳鼠标绘制一条竖线，效果如图 5-248 所示，在"图层"控制面板中生成新的形状图层"形状 2"。

图 5-248

（22）在按住 Shift 键的同时，单击"圆角矩形 6"图层，将需要的图层同时选取。按 Ctrl+G 组合键，群组图层并将其命名为"录音界面"。"侃侃"App 的聊天页制作完成。

6. 制作"侃侃"App 的个人中心页

（1）按 Ctrl+N 组合键，新建一个文件，宽度为 750 像素，高度为 1 334 像素，分辨率为 72 像素/英寸，背景内容为白色，如图 5-249 所示。单击"创建"按钮，完成新建文档。

（2）选择"文件>置入嵌入对象"命令，弹出"置入嵌入的对象"对话框。选择云盘中的"Ch03 >素材>制作"侃侃"App >制作"侃侃"App 个人中心页> 01"文件，单击"置入"按钮，将图片置入到图像窗口中。将其拖曳到适当的位置并调整其大小，按 Enter 键确定操作，效果如图 5-250 所示，在"图层"控制面板中生成新的图层并将其命名为"底图"。

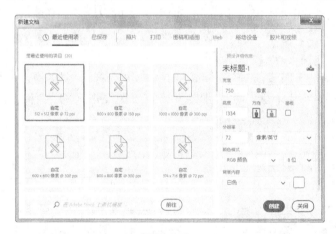

制作"侃侃"App
的个人中心页

图 5-249                          图 5-250

（3）选择"视图>新建参考线"命令，弹出"新建参考线"对话框。在 40 像素的位置新建一条水平参考线，设置如图 5-251 所示，单击"确定"按钮，完成参考线的创建。

（4）选择"文件>置入嵌入对象"命令，弹出"置入嵌入的对象"对话框。选择云盘中的"Ch03 >素材>制作"侃侃"App >制作"侃侃"App 个人中心页> 02"文件，单击"置入"按钮，将图片置入到图像窗口中。将其拖曳到适当的位置，按 Enter 键确定操作，效果如图 5-252 所示，在"图层"控制面板中生成新的图层并将其命名为"状态栏"。

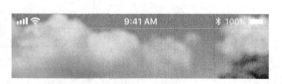

图 5-251                          图 5-252

（5）选择"视图>新建参考线"命令，弹出"新建参考线"对话框。在 32 像素的位置新建一条垂直参考线，设置如图 5-253 所示。单击"确定"按钮，完成参考线的创建。用相同的方法。在 718 像素（距离右侧 32 像素）的位置新建一条垂直参考线，效果如图 5-254 所示。

（6）选择"横排文字"工具 T，在适当的位置输入需要的文字并选取文字。在"字符"面板中，将"颜色"选项设为白色，其他选项的设置如图 5-255 所示。按 Enter 键确认操作，效果如图 5-256 所示，在"图层"控制面板中生成新的文字图层。

图 5-253　　　　　　　　　　图 5-254　　　　　　　　　　图 5-255

（7）使用相同的方法输入其他文字，效果如图 5-257 所示。在按住 Shift 键的同时，单击"林樱"图层，将需要的图层同时选取，按 Ctrl+G 组合键，群组图层并将其命名为"个人简介"，如图 5-258 所示。

图 5-256　　　　　　　　　　图 5-257　　　　　　　　　　图 5-258

（8）选择"圆角矩形"工具 ◻，在属性栏中将"填充"颜色设为白色，"半径"选项设置为 10 像素。在适当的位置绘制圆角矩形，效果如图 5-259 所示，在"图层"控制面板中生成新的形状图层"圆角矩形 1"。

（9）选择"横排文字"工具 T，在适当的位置输入需要的文字并选取文字。在"字符"面板中，将"颜色"选项设为黑色，其他选项的设置如图 5-260 所示。按 Enter 键确认操作，效果如图 5-261 所示，在"图层"控制面板中生成新的文字图层。

图 5-259　　　　　　　　　　图 5-260　　　　　　　　　　图 5-261

（10）选择"圆角矩形"工具 □，在属性栏将"填充"颜色设为无，"描边"颜色设为白色，"描边宽度"设为 2 像素，"半径"选项设置为 10 像素。在适当的位置绘制圆角矩形，效果如图 5-262 所示，在"图层"控制面板中生成新的形状图层"圆角矩形 2"。

（11）按 Ctrl＋O 组合键，打开云盘中的"Ch03＞素材＞制作"侃侃"App ＞制作"侃侃"App 个人中心页＞ 03"文件。选择"移动"工具 ⊕，将"设置"图形拖曳到图像窗口中适当的位置并调整其大小，效果如图 5-263 所示，在"图层"控制面板中生成新的形状图层"设置"。在按住 Shift 键的同时，单击"圆角矩形 1"图层，将需要的图层全部选取，按 Ctrl+G 组合键，群组图层并将其命名为"编辑简介"。

图 5-262          图 5-263

（12）选择"横排文字"工具 T，在适当的位置分别输入需要的文字并选取文字。在"字符"面板中，将"颜色"选项设为白色，效果如图 5-264 所示，在"图层"控制面板中分别生成新的文字图层。

（13）选择"矩形"工具 □，在属性栏中将"填充"颜色设为粉红色（254、32、66）。在图像窗口中适当的位置绘制矩形，效果如图 5-265 所示，在"图层"控制面板中生成新的形状图层"矩形 1"。在按住 Shift 键的同时，单击"文字"图层，将需要的图层全部选取，按 Ctrl+G 组合键，群组图层并将其命名为"文字"。

图 5-264          图 5-265

（14）选择"圆角矩形"工具 □，在图像窗口中适当的位置绘制圆角矩形。在属性栏中将"填充"颜色设为白色，在"图层"控制面板中生成新的形状图层"圆角矩形 3"。在"属性"面板中设置参数，如图 5-266 所示。按 Enter 键确认操作，效果如图 5-267 所示。

图 5-266          图 5-267

（15）单击"图层"控制面板下方的"添加图层样式"按钮 *fx*，在弹出的菜单中选择"投影"命令，弹出"投影"对话框，将阴影颜色设为黑色，其他选项的设置如图 5-268 所示。单击"确定"按钮，效果如图 5-269 所示。

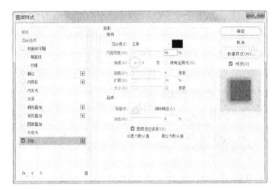

图 5-268

图 5-269

（16）选择"椭圆"工具 ○，，在按住 Shift 键的同时，在图像窗口中适当的位置绘制圆形。在属性栏中将"填充"颜色设为黑色，"描边"颜色设为无，效果如图 5-270 所示，在"图层"控制面板中生成新的形状图层"椭圆 1"。

图 5-270

（17）单击"图层"控制面板下方的"添加图层样式"按钮 *fx*，在弹出的菜单中选择"渐变叠加"命令，弹出"渐变叠加"对话框。单击"渐变"选项右侧的"点按可编辑渐变"按钮 ，弹出"渐变编辑器"对话框。在"位置"选项中分别输入 0、100 两个位置点，分别设置两个位置点颜色的 RGB 值为 0（255、134、16）、100（254、44、60），如图 5-271 所示。单击"确定"按钮，返回到"渐变叠加"对话框，其他选项的设置如图 5-272 所示。单击"确定"按钮，效果如图 5-273 所示。

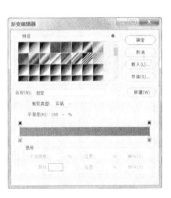

图 5-271

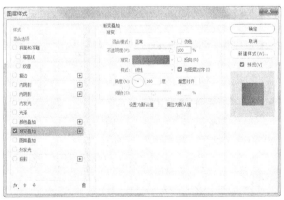

图 5-272

（18）选择"椭圆"工具 ○，，在按住 Alt+Shift 组合键的同时，在图像窗口中适当的位置绘制圆形，效果如图 5-274 所示。在按住 Shift 键的同时，再次绘制一个圆形，在"图层"控制面板中生成新的形状图层"椭圆 2"，效果如图 5-275 所示。

（19）选择"文件>置入"命令，弹出"置入嵌入的对象"
对话框。选择云盘中的"Ch03 >素材>制作"侃侃"App >
制作"侃侃"App 个人中心页> 04"文件，单击"置入"
按钮，将图片置入到图像窗口中。将其拖曳到适当的位置并

图 5-273

调整其大小，按 Enter 键确定操作，效果如图 5-276 所示，在"图层"控制面板中生成新的图层并将
其命名为"头像 1"。按 Alt+Ctrl+G 组合键，为"头像 1"图层创建剪贴蒙版，效果如图 5-277 所示。

图 5-274          图 5-275          图 5-276          图 5-277

（20）用上述方法添加文字和形状，效果如图 5-278 所示。在按住 Shift 键的同时，单击"圆角
矩形 3"图层，将需要的图层全部选取，按 Ctrl+G 组合键，群组图层并将其命名为"林樱"。在按住
Shift 键的同时，单击"个人简介"图层组，将需要的图层组全部选取，按 Ctrl+G 组合键，群组图层，
并将其命名为"内容区"。

（21）选择"圆角矩形"工具 ◻，在适当的位置绘制圆角矩形。在属性栏中将"填充"颜色设为
白色。在"属性"面板中设置参数，如图 5-279 所示。按 Enter 键确认操作，效果如图 5-280 所示，
在"图层"控制面板中生成新的形状图层"圆角矩形 4"。

图 5-278                    图 5-279                         图 5-280

（22）单击"图层"控制面板下方的"添加图层样式"按钮 fx，在弹出的菜单中选择"投影"命
令，弹出"投影"对话框，将阴影颜色设为黑色，其他选项的设置如图 5-281 所示。单击"确定"按
钮，效果如图 5-282 所示。

（23）在"03"图像窗口中，选中"主页"图层，选择"移动"工具 ✛，将其拖曳到图像窗口中
适当的位置并调整其大小，在"图层"控制面板中生成新的形状图层"主页"。使用相同的方法拖曳
其他需要的形状到适当的位置并调整其大小，效果如图 5-283 所示，在"图层"控制面板中分别生成
新的形状图层。

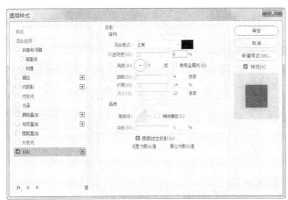

图 5-281

图 5-282

（24）选择"椭圆"工具 ○.，在按住 Shift 键的同时，在图像窗口中适当的位置绘制圆形。在属性栏中将"填充"颜色设为黑色，"描边"颜色设为无，效果如图 5-284 所示，在"图层"控制面板中生成新的形状图层"椭圆 3"。

图 5-283

图 5-284

（25）用上述方法拖曳需要的形状到适当的位置并调整其大小，效果如图 5-285 所示。选择"椭圆"工具 ○.，在属性栏中将"填充"颜色设为红色（255、0、0）。在按住 Shift 键的同时，在图像窗口中适当的位置绘制圆形，效果如图 5-286 所示，在"图层"控制面板中生成新的形状图层"椭圆 4"。

图 5-285

图 5-286

（26）选择"横排文字"工具 T.，在适当的位置输入需要的文字并选取文字。在"字符"面板中，将"颜色"选项设为白色，其他选项的设置如图 5-287 所示。按 Enter 键确认操作，在"图层"控制面板中生成新的文字图层，效果如图 5-288 所示。

图 5-287

图 5-288

（27）在按住 Shift 键的同时，单击"圆角矩形 2"图层，将需要的图层组全部选取，按 Ctrl+G 组合键，群组图层，并将其命名为"标签栏"。"侃侃"App 的个人中心页制作完成。

提示：其他 6 个页面的效果在资源中体现。

制作"侃侃"　制作"侃侃"　制作"侃侃"　制作"侃侃"　制作"侃侃"　制作"侃侃"
App 的注册页　App 的登录页　App 的通知页　App 的发布页　App 的图文详情页　App 的搜索页

## 5.8　课堂练习——制作"美食来了"App

### 🔗 练习知识要点

使用"移动"工具移动素材，使用"椭圆"工具和"圆角矩形"工具绘制图形，使用"投影"和"渐变叠加"命令为图形添加效果，使用"置入"命令置入图片，使用"剪贴蒙版"命令调整图片显示区域，使用"横排文字"工具输入文字。最终效果如图 5-289 所示。

### 📍 效果所在位置

云盘/Ch05/效果/制作"美食来了"App。

　　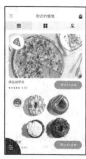　　　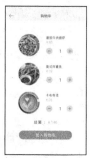

图 5-289

制作"美食来了"　制作"美食来了"　制作"美食来了"　制作"美食来了"　制作"美食来了"　制作"美食来了"
App 的闪屏页　App 的引导页 1　App 的引导页 2　App 的引导页 3　App 的注册页　App 的登录页

制作"美食来了"　制作"美食来了"　制作"美食来了"　制作"美食来了"　制作"美食来了"　制作"美食来了"
App 的首页　App 的食品筛选页　App 的食品列表页　App 的食品详情页　App 的购物车页　App 的我的页

## 5.9 课后习题——制作"Circle"App

### 🔗 习题知识要点

使用"直线"工具、"椭圆"工具和"圆角矩形"工具绘制图形，使用"渐变叠加"命令为图形添加效果，使用"剪贴蒙版"命令为图片添加蒙版，使用"横排文字"工具输入文字。最终效果如图 5-290 所示。

### ◎ 效果所在位置

云盘/Ch05/效果/制作"Circle"App。

图 5-290

制作"Circle"App 的注册页　　制作"Circle"App 的登录页　　制作"Circle"App 的欢迎页　　制作"Circle"App 的首页　　制作"Circle"App 的聊天页　　制作"Circle"App 的通知页

制作"Circle"App 的评论页　　制作"Circle"App 的搜索页　　制作"Circle"App 的消息列表页　　制作"Circle"App 的图文详情页　　制作"Circle"App 的设置页　　制作"Circle"App 的我的页